Eventos del Sol y La Luna que Los Antepasados Vieron

Método para Estimar la Edad de Monumentos Arqueológicos utilizando las Declinaciones del sol y la Luna en la Antigüedad

Por Arturo Villamarín

AGRADECIMIENTOS

Le agradezco a mi hermano Jorge por su ayuda con el estudio en El Infiernito, Colombia y la provisión de transporte al lugar. También al Sr. Fernando García por su contribución editorial y la Srta. Lily Ickow por sus sugerencias de estilo gramatical en la versión en ingles

Le agradecemos al Señor Jairo Iván Pachón de INSTOP Surveying Equipment Bogotá, Colombia, por su asistencia en proveernos con equipo que utilizamos en el estudio en El Observatorio Solar de El Infiernito. Villa de Leyva, Colombia.

ISBN-13: 978-1722492120
ISBN-10: 1722492120
ORCID: 0000-0002-5937-9110

PREFACIO

Desde el día en que el Hombre aterrizo en la luna en 1969, adquirimos la habilidad de extraernos de nuestra propia historia: podemos ahora contemplar la posibilidad que los autores de los monumentos de la antigüedad no fueron parte de nuestro linaje.

Ahora podemos tomar la Tierra en nuestras manos y observar; su clima, las erupciones volcánicas y entre muchas otras cosas su posición en el espacio en relación con otros objetos en el firmamento.

Una fotografía que encapsula esta idea y que casi toda la humanidad reconoce hoy, es la foto de la tierra que el astronauta Michael Collins de la misión Apollo11 tomó desde la cápsula mientras el módulo Eagle descendía hacia la luna.

'La única persona que haya vivido en el universo, que no aparece en la foto...'' NASA

El haber plantado pie en la luna nos otorgó la capacidad desasociar nuestra humanidad de la realidad geométrica de esos objetos en el espacio. Este estudio enfrenta la existencia de monumentos antiguos desde esta perspectiva: de una forma analítica, de la forma que el crucero Rover se desplazó en la luna midiéndolo todo, sin indagar cómo fue creado. Esperamos de esta forma haber alcanzado el máximo objetivo; el contestar la pregunta eterna: "¿Por qué existen?"

El estudio de monumentos antiguos, los que no son asociados con la vivienda, en particular, presentan un problema para los estudios antropológicos; su propósito no ha sido obvio como es el de las ciudadelas, los fuertes, y las ciudades. El enigma que estos representan ha sido el Santo Grial de la humanidad desde tiempo inmemorial. Por razones obvias su integración en el ámbito histórico de las sociedades que florecieron a su alrededor, ha sido la practica común y la manera de explicar su existencia. Esta práctica ha generado una cantidad de teorías inconclusas en relación al propósito de su existir: Vida, Muerte, Rituales, Religión, Agua, Agricultura, Fertilidad, Procreación, etc. son algunos de los temas que se han asociado a esas teorías.

La Arqueo astronomía, desde los años 1700 ha tratado de formalizar el estudio de sitios arqueológicos dentro de un marco científico, tratando de encontrar en los monumentos una conexión con los astros en el orbe, siguiendo la idea de los astrónomos Greco Romanos, tales como Eratóstenes de Carene 276-194 AC, quien midió la circunferencia de la tierra por medio de un experimento sagaz, utilizando un obelisco y un pozo de agua, ó erigiendo obeliscos como el de Montecitorio en Ara Pacis el cual se supone sirvió como gnomon en un dial solar que marcaba el nacimiento del emperador Augusto.

Para este estudio tomamos la tierra en nuestras manos y buscamos cada monumento y medimos su posición geográfica y sus propiedades arquitectónicas. Con la ayuda de instrumentos, fáciles de usar que se encuentran en red (el internet), descubrimos lo que tal vez pueda ser una respuesta y razón para la existencia de esos monumentos enigmáticos. Estos registran el acontecimiento de eventos astronómicos que sucedieron en el pasado. Encontrando la fecha en que estos eventos ocurrieron, nos permitirán saber la edad aproximada de los monumentos. Como vértices geodésicos estos monumentos incorporan un record de la capacidad técnica y astronómica de sus creadores, representada en su concepción y su ejecución. Teotihuacán, Kalasasaya, Moenho Daro, El Infiernito, Machu Picchu y otras maravillas arqueológicas, captan en sus diseños los fenómenos del sol y de la luna acontecidos en el pasado. En el estudio también establecimos que las grandes pirámides de Giza, Stonehenge, y Teotihuacán representan en sus diseños nuestro sistema planetario.

El método está basado en una manera fácil de determinar la posición del sol con respecto a un punto sobre la tierra, en el año en que la inclinación del eje terráqueo apuntaba en una dirección diferente hacia la esfera celestial, debido a su ciclo de precesión (Hipparchus ~200 AC). En esa posición los rayos solares apuntaban sobre un punto sobre la tierra a un ángulo diferente al de hoy.

Angulo al cual un monumento podría haber sido alineado. Hoy estos monumentos se han desalineado ya que el eje terráqueo ha continuado su marcha a través de los milenios en su ciclo de precesión. Retrocediendo en tiempo para encontrar las condiciones originales de la geometría espacial del planeta; la dirección en que su eje apuntaba, su posición en su órbita y su ángulo de declinación (Nutación de 21.5° a 24.5°), cuando el monumento en cuestión fue diseñado para que alineara con el sol, nos permitiría encontrar su edad.

Utilizamos un Sistema de Información Global (SIG): Google©earth Pro y un calculador para la localización de satélites para calcular la posición del sol durante el solsticio a través de los siglos con relación a un punto sobre la tierra. Los datos de la localización del sol encontrados fueron trazados en Google©earth Pro resultando en una curva análoga a un analema, la cual denominamos Super Analema. Esta es la analema creada por la precesión del eje terráqueo. Extendiendo una línea en la dirección del eje axial de un monumento, hasta su intersección con la curva super-analema, su punto de intersección resulta en el año en el que el monumento fue diseñado para que este alineara con el sol.

INTRODUCCION

El modo en que el sol y la luna alumbran los monumentos arqueológicos ha sido reconocido desde los primeros días de la arqueo astronomía, como una característica sobresaliente en varios sitios. La luz del sol o la luna, en ciertos momentos durante el año, acentúa uno o varios aspectos en el diseño del monumento mismo o con el planeamiento del sitio; creando aproximadamente un alineamiento geométrico. Esta iluminación, ya sea por la posición del sol durante el equinoccio ó el solsticio de verano, o por la luna durante sus fases, se le han dado variadas interpretaciones por investigadores o el público en general. Las atribuciones más populares o prevalentes son: los monumentos son asociados con la agricultura, fueron construidos con fines místicos, estos exaltan la renovación de la primavera y aun otros les dan significados religiosos.

En el principio de los años 1700 William Stockley un "Re vitalista Druídico" y John Wood un "Arquitecto Místico" fueron los primeros *científicos* en reconocer que lugares como Stonehenge tienen alineamientos con el sol y las estrellas. John Wood declaro: "Los antepasados expresaban sus conocimientos de una forma emblemática en el planeamiento de sus templos; no solo en sus planos pero en la relación astrológica entre sus sitios", tal como lo reporta John Michell en su libro titulado: A Little History of Archaeology [1, p.12]. Este libro nos da un historial sucinto del refriegue tradicional aun prevalente entre arqueólogos tradicionales, místicos y los analistas guiados por la matemática, en cuanto a su encaramiento al estudio de estos monumentos. Nosotros pertenecemos a los últimos. El análisis matemático como fue propuesto desde un principio por Sir J.N. Lockyer; el

Padre de la astro-arqueología, arqueo-astronomía, fue el principio con el que se condujo este estudio.

En publicaciones anteriores hemos demostrado que en algunos casos muchos de estos monumentos sirvieron como vértices astronómicos. En este estudio presentamos los resultados de la investigación que nos proporciono un método mejorado para el establecimiento de la verdadera edad de estos monumentos. Con el método se demuestra que la localización y la dirección geográfica de algunos de estos monumentos fueron deliberadamente establecidas, para que reflejaran las posiciones del sol y la luna con respecto a la tierra en el momento en que sus diseños fueron trazados. Los monumentos sirvieron y sirven como vértices astronómicos históricos. Los diseñadores incorporaron en sus diseños las medidas geométricas de los alineamientos astronómicos de los cuerpos celestes con respecto a la tierra, de tal manera así dejando un récor de tiempo y la posición sideral del planeta en varios tiempos durante el año; haciendo realidad la visión de John Wood.

La Doctora Sherry Towers de la universidad Estatal de Arizona, ASU publicó en su página en la red [2] una serie de artículos haciendo referencia a los análisis matemáticos que se requieren para asegurar si existen alineamientos en sitios arqueológicos, haciendo énfasis especialmente en esos de las estrellas con los detalles físicos de cualquiera de los sitios más conocidos. Acertadamente ella recalca que el movimiento de los cuerpos celestes a través del tiempo debe ser considerado cuando se estima si un alineamiento fue diseñado o construido en el monumento.

"Así, para determinar si ó no un monumento arqueológico tiene un alineamiento con el levante o poniente de una estrella en particular, lo único que debemos saber es la declinación de la estrella en *el año en que el sitio fue construido* (nuestra traducción e itálicas) y la latitud de este"

En otros artículos ella nos presenta los detalles de las matemáticas necesarias y los refinamientos que se necesitan para tener en cuenta al terreno y las condiciones atmosféricas.

Una consecuencia sobresaliente de la hipótesis bien establecida por Sir J. Norman Lockyer: "Los Templos fueron alineados de acuerdo con la fecha de su fundación" es la re afirmación de un concepto generalizado que habíamos sugerido en publicaciones anteriores; muchos, si no todos los monumentos arqueológicos aparentan haber sido construidos miles de años antes de las fechas corrientemente indicadas. La discrepancia debe ser debida a que la metodología corrientemente utilizada para datar la edad de los monumentos es incapaz de conectar definitivamente las sociedades que pudieron habar vivido a sus alrededores con ellos. Los métodos analíticos usados para datar están basados en varias técnicas: El decaimiento de del isotopo de carbón 14 encontrado en substancias carboníferas. el análisis estratigráfico de depósitos en la tierra para el sondeo por algunos isotopos identificables por radiometría y otros como radar penetrante de superficies (GPR) utilizado para observar dentro o debajo de monumentos sin dañarlos, entre otros y otras técnicas en avance constante. El datar por carbón 14 es el método más usado, pero no anexa definitivamente los monumentos con las sociedades que pudieron haber vivido en sus alrededores a través de los siglos. Es muy posible que cada una de estas civilizaciones haya apropiado o modificado los monumentos a su antojo para servir sus propósitos religiosos u otros más prácticos. La asociación de los resultados analíticos de los vestigios con los monumentos son típicamente evaluados basados de forma *contextual* para cada lugar.

Existen barreras lógicas contra la precisión del análisis geométrico de los alineamientos que se deben sobrepasar. El error acumulado de las varias maneras y métodos de medir los alineamientos del sol, la luna y la estrellas y la incertidumbre de los métodos de datación (para comparación), y sin ignorar la probabilidad de que algunos alineamientos ocurran por pura casualidad, como la Doctora Towers hace hincapié en el contexto con el uso de datos analíticos que añaden dificultad en llegar a conclusiones definitivas.

"El problema con sitios que tienen muchas líneas asociadas con el levante/poniente de una estrella es que algunos alineamientos con esas líneas pueden ocurrir por puro chance. Alternativamente, el tratar de comparar las líneas de un sitio con el ángulo de levante/poniente de muchas estrellas (y con los solsticios o los lunasticios mayores y menores), aun podemos hallar emparejamientos simplemente por casualidad. Es un error muy común el subestimar dramáticamente estas probabilidades esporádicas, en el tomar por dado que cualquier emparejamientos *debe* ser evidencia que un sitio haya sido usado como observatorio."

Sir Lockyer, Penrose y Wood y varios otros investigadores quienes han ejecutado levantamientos en sitios arqueológicos y encontraron alineamientos, sus conclusiones sufrieron error, no solo por el problema de la probabilidad esporádica sino también por la falta de tecnología suficiente para calcular adecuadamente las declinaciones del sol y de la luna *miles de años en el pasado.*

Estas consideraciones nos iluminaron el sendero para el desarrollo de una manera simple que nos ayudara a obtener mejores y más precisos cálculos de las edades de los sitios arqueológicos más importantes. Utilizando tecnología moderna obtuvimos datos de la declinación del sol y de la luna en el pasado. Con esta tecnología esperamos que el cálculo en el pasado de esos datos astronómicos fuese más preciso. Encontramos relativamente fácil el encontrar un historial de datos del sol y la luna por miles de años en el pasado utilizando calculadores para satélites que se encuentran en línea en la red [3]. Estos calculadores son bastante precisos (precisión de 1 a 2 minutos de arco = 0.016666667grados). El posicionamiento de satélites artificiales en el espacio depende de mediciones exactas para sus propósitos. Para nuestro propósito, asumimos que todos los cálculos matemáticos requeridos; parámetros de orbita, perturbaciones, etc. están incluidos en el calculador. También que todos los cálculos obtenidos en el pasado (años negativos) mantienen su validez cuando estos son obtenidos miles de años atrás. Esta última suposición fue algo tentativa; el autor de las ecuaciones usadas en el calculador indica que estas han sido validadas para los siglos 20 y 21. [4] En comunicación privada con el autor de la calculadora, el Señor Jens T. Satre, nos informó que este no ha sido probado en años anteriores a los dichos. Los resultados que obtuvimos en el análisis de los sitios arqueológicos incluidos en este escrito, no revelaron inconsistencias de sitio a sitio y en comparaciones con datos contemporáneos presentados en un extracto del documento publicado en el libro Thousand Year Cannnon of Solar Eclipses por Fred Espenak, que el presenta en su página web: http://www.eclipsewise.com. Para nuestro propósito de probar el concepto metodológico lo consideramos adecuado. Eventualmente la reproducibilidad de los resultados obtenidos en varios sitios arqueológicos, confirmaron su utilidad.

El estudio se inicio confirmando los alineamientos solamente con respecto al sol y la luna. También se tomaron algunas medidas en sitios en donde alineamientos no se han reconocido o publicado. De paso, no pudimos visualizar una razón contundente que los ingenieros en la antigüedad hubiesen tenido para alinear monumentos con las estrellas. Para viajeros de planetas exteriores a nuestro sistema, las estrellas les hubieran servido como marcadores de guía astronómica que les hubiesen indicado la ubicación de nuestro sistema solar en el orbe. Las posiciones de las estrellas en ciertos tiempos del año y su uso como guía para los navegantes de los océanos, es un concepto legado desde la antigüedad, debiendo su origen tal vez a esos navegantes del espacio. En otro caso, si este conocimiento fue desarrollado en la tierra (una civilización tecnológicamente avanzada), desde el primer día para los primeros navegantes transoceánicos la posición *fija* de las estrellas en el firmamento les sirvió ampliamente como guía. Para los viajeros de tierra firme no les hubieran dado gran beneficio. Teorizamos que el conocer en detalle nuestro sistema planetario cercano: la Terra, el Sol, la Luna, Venus y Marte, para cualquiera de los dos tipos de viajeros, les hubiera sido de uso inmediato para sus propósitos como exploradores, los resultados de este estudio nos han dado a entender.

Estudios divergentes de los marcos teoréticos establecidos tienden a predisponer a algunos a rechazar nuevas perspectivas. Enfocamos nuestros estudios únicamente en objetos fáciles de medir y reproducir por el público en general, no obstante sus limitaciones tecnológicas o informáticas que puedan tener. Nuestro objetivo fue el probar nuestras hipótesis de una manera clara y fácil de seguir. Tanto así como quisimos demostrar su valor a la mayoría de la gente, también a aquellos conocedores de la ciencia quienes puedan tener a su alcance 'alta tecnología' y con esta puedan probar nuestros resultados o descubrimientos y reproducirlos reduciendo o eliminando las deficiencias técnicas que se puedan encontrar en nuestros resultados.

John Michell sintetiza la controversia que existe entre arqueólogos y astrónomos / topógrafos, así:
"Arqueología tiene este punto en común con la teología, en que esta lidia con conocimientos que por su naturaleza no son susceptibles a ser físicamente confirmados. Esta ciencia, como consecuencia, tiende aun más que otras a depender de dogmas, que demarcan las líneas que limitan su ortodoxia mas preponderante." [1, p.79]

No tomando partido en ninguno de estos modelos, seguimos un camino pragmático para el estudio de los alineamientos de monumentos arqueológicos, de una manera similar a la de Hawkins [1, p.66], pero a un nivel, tal vez, menos tecnológicamente sofisticado:

Aplicar geo-metría (medida de la tierra) en el análisis de los monumentos encontrados en el globo terráqueo. Encontrar su ubicación geográfica, sus atributos geométricos y medirlos. Determinar si sus medidas físicas y o su posición global está relacionada con algún otro monumento encontrado en cualquier otro lugar en el globo terráqueo (geometría solida). Hacer un levantamiento geodésico del lugar y de su alineamiento geográfico para determinar o confirmar los alineamientos del monumento con el sol o la luna o ambos. Encontrar una explicación del por qué estos alineamientos se encuentran globalmente. Un raciocinio que explique por qué sociedades primitivas (incomunicadas?) vieron la necesidad imperativa de expender recursos generalmente muy escasos para la construcción de proyectos de esta naturaleza, en particular, aquellos de gran magnitud.

La teoría, base de este punto de vista a probar, es que estos monumentos son vértices astronómicos construidos independientemente de los accidentes topográficos o de las poblaciones que hubieren existido o vivido en su alrededor. El Levantamiento Geodésico Nacional (NGS) coloca marcadores geodésicos en cualquier lugar así sea difícilmente accesible, con precisión hasta de 1:10.000.000 con la misma filosofía, pero los puntos seleccionados atienden necesidades geográficas.

En cierto modo, este concepto va más allá que el descubrimiento hecho por Alexander Thom; que los alineamientos encontrados en Stonehenge conectan con los de otros sitios arqueológicos. El encontró estas conexiones forman "una red de estaciones astronómicas situadas y extendidas a distancia por todo la campiña de Wessex..."[1, p.84] y también los alineamientos que Sir Watkins había encontrado con anterioridad; sus *líneas extendidas* [5]. En nuestra publicación; *Nasca and Easter Island, An Ancient Plan Revealed* (Nazca y la Isla De Pascua, Un Plan de la Antigüedad se Revela) [6, p.37], siguiendo la visión de estos pioneros, introducimos en nuestra metodología definiciones geométricas simples para el análisis de monumentos, sitios y líneas:

Cualquier línea trazada sobre una esfera es un arco segmento de un círculo mayor de ésta.

Una línea puede tener tres propósitos: determina la distancia entre dos puntos, determina una división y o apunta en su dirección.

Con estos argumentos descubrimos un hecho de mayor alcance al que estos grandes pioneros habían previsto. Determinamos que Nazca y la Isla de Pascua son mapas que llevan a sitios arqueológicos, que entonces eran vértices astronómicos. Demostramos como la dirección de cada Ahu o línea apuntan siguiendo su círculo mayor hacia lugares de la antigüedad alrededor del planeta; ver Figura 8. Basados en esos resultados, el cómo llegamos a abordar el tema de los alineamientos astronómicos y el desarrollo del método para encontrar la edad de monumentos arqueológicos, se discuten aquí. Detalles e ilustraciones de dos sitios arqueológicos de mayor importancia se explican incluyendo mapas, graficas y tablas de datos, las que aparecen con el texto.

Base Técnica

La órbita de la luna esta inclinada unos 5° con respecto a la eclíptica; la órbita de la tierra y los demás planetas. Por esta razón las orbitas de la tierra y la luna se encuentran dos veces; los puntos donde se cruzan se llaman *nodos*. Cuando la luna se encuentra cerca de cualquiera de los nodos, puede que ésta alinee con el sol y la tierra; estos son los momentos en que los *eclipses* pueden suceder. De tal manera que los dos tiempos del año en que esto sucede se conocen como las *épocas de eclipses.* La luna en su órbita está cambiando de posición continuamente con relación a la tierra y el sol; su trayectoria tiene forma de tirabuzón que gira alrededor de la órbita de la tierra, la que está en el centro geométrico de este. La posición en su órbita determina su ángulo de declinación con respecto al plano ecuatorial. De manera similar, debido a la inclinación del eje terráqueo con respecto al plano orbital, el sol parece moverse arriba y abajo del plano ecuatorial cambiando su ángulo de declinación con respecto a este. El ángulo de declinación varía dependiendo de la posición de la tierra en su órbita. Cuando ambos el sol y la luna alcanzan su mayor ángulo de declinación, sobre o bajo el Ecuador; los solsticios o lunastícios, o cuando ambos cruzan el Ecuador; el equinoccio; estos momentos determinan posiciones relativas *únicas* entre los tres objetos celestiales; una configuración *espacial*. Desde el punto de vista de un observador, la posición del sol o la luna en el cielo sobre el horizonte determina su *elevación* y su posición con respecto al punto cardinal norte, su azimut. Esta configuración espacial de los tres objetos tiene una duración muy corta en cualquier lugar desde donde se observe. Esta configuración también puede evaluarse haciendo caso omiso de en donde se encuentra el observador, tomando las medidas de sus posiciones con respecto al centro de la tierra. Este tipo de medida es universal. Es decir, la medida de una configuración astronómica se puede tomar sin importar desde donde ésta se haga o si las posiciones de los objetos pueden ser observadas desde el punto desde donde se calculan. Estas configuraciones de los tres objetos y otros -con todos los parámetros que los controlan- se repiten únicamente a largos plazos lo que hace cada configuración sea casi única; así sucedió en el pasado, ocurre en el presente y sucederá en el futuro. Eclipses del sol o de la luna o alineamientos aproximados, son eventos especiales que mostraremos sus configuraciones fueron grabadas de forma permanente en los diseños de marcadores geodésicos que ahora llamamos monumentos arqueológicos, aunque en algunos casos estos son apenas piedras orientadas de cierta manera. El efecto que estas configuraciones de los tres objetos tuvieron y tienen sobre las estaciones y el clima y los espectáculos que estas nos regalan y que ahora los monumentos nos lo recuerdan, han sido el ímpetu que desde la antigüedad nos ha llevado a su estudio. Han hecho que muchos investigadores y escritores hayan asociado los monumentos con la agricultura y otras necesidades locales, ritos y aun con lo Divino. Estas asociaciones son secundarias o incidentales al diseño de las estructuras, no su razón primordial de existir. La posición y el diseño de los monumentos encontrados alrededor de la tierra son coherentes; demostremos, que unos de estos desde su región donde se encuentran, aunque parezca no están aislados; existe una relación geográfica y contextual entre ellos.

Afirmando el concepto de "Las Líneas Extendidas" de Sir Watkins [5] este estudio muestra que la posición del sol, en algunos casos es triangulada desde varios puntos alrededor de la tierra; es decir que la orientación de varios monumentos en continentes diferentes fue alineada con la posición del sol en un momento. El resultado más sobresaliente que encontramos, fue el de un monumento que revela con su diseño un alineamiento ocurrido en otro lugar de la tierra: el cruce de la luna de un nodo causando la Luna Nueva en un caso y en otro un eclipse. Esto ocurrió en un lugar desde donde no se pudieron ver pero el alineamiento, muy peculiar, con el azimut del monumento refleja el alineamiento de los tres objetos celestes. Este es el primer caso a discutir.

Con estos y demás resultados llegamos a la conclusión que la(s) civilización(es) responsable(s) por la ingeniería de estos monumentos, fue (ron) muy avanzada(s) en las ciencias astronómicas. El alcance que tuvieron fue global; el método -el mismo en cada lugar- que se utilizo para capturar los eventos astronómicos demuestra un plan cohesivo. Es posible que hubieran estado interesados en el clima del planeta Tierra, la mecánica del cual dejaron representada en estos monumentos. Los alineamientos capturados en sus diseños o emplazamientos, demuestran el efecto que tienen la posición de los tres objetos sobre las estaciones y el clima y en los fenómenos astronómicos como los eclipses solares o lunares y las fases de la luna.

Este escrito cubre un área incipiente de investigación que puede ser expandida con modelos computacionales apropiados para completar en detalle las brechas dejadas por este bosquejo de investigación, tanto como para reducir el error a su mínimo. Esas brechas no son tan solo en el número de sitios investigados sino en la cobertura dada a cada sitio. Modelos computacionales modernos en astronomía servirán para confirmar si la conjunción de los solsticios con los lunasticios mayores y menores o cualquier otra de las configuraciones astronómicas, en realidad presentan convergencia de eventos que pudieron haber sido asociados con los monumentos. También que tanto estos eventos como otros fueron escritos con las medidas físicas y el posicionamiento de los monumentos, *en el lenguaje de las matemáticas (Galileo)*. Si los eventos grabados en los diseños de los monumentos son confirmados, debido a su carácter único podrán ser usados para identificar la edad de cada uno de ellos.

La capacidad de poder predecir eclipses, acercamientos, luna nueva o llena y sus lunasticios mayores o menores, representados en los monumentos, fue quizás un legado para las generaciones futuras. Con este estudio confirmamos la hipótesis que habíamos propuesto con anterioridad: los monumentos son vértices astronómicos asentados en la antigüedad. Alexander Thom fue tal vez el primero en asociar los lunastícios con los diseños geométricos de los círculos megalíticos; en su visión el describió que la posición de los megalitos concordaba con el levante y puesta de la luna durante esos eventos;

"A tiempo que escribo esto (1969), la luna acaba de pasar por un lunastício mayor. Uno no puede prescindir de quedar sorprendido al ver su caída y levante ocurriendo casi hacia el norte. Una quincena más tarde, de nuevo uno se sorprende de ver, que tan hacia el sur están sus puntos de caída y levante y que tan baja se ve durante su tránsito.". (Observatorios Lunares Megalíticos, p.22) [7].

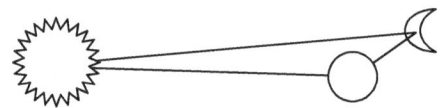

CAPITULO 1
DESARROLO DE LA HIPOTESIS
Reseña Histórica y Técnica

El 21 de Junio del año 1800, durante el solsticio de verano en el hemisferio norte, se observó un fenómeno astronómico que no había sucedido desde hacia diez y seis años y no volvería suceder sino hasta dos años más tarde. El sol y la luna estaban simultáneamente cerca de sus máximas latitudes, la luna estaba cerca de un lunastício mayor el cual sucedió en el año 1802 y no volvería a repetirse sino hasta después de diez y ocho años y siete meses. En el varano de ese año el sol y la luna transitaron el firmamento juntos por todo un día. Este fenómeno aparentemente *no era muy conocido en ese entonces*. El fenómeno fue discutido en las anécdotas del Dr. Parr, que apareció en la revista The Genleman's Magazine de Octubre de 1828, p.314; una conversación entre un tal Sr. Bowles y el Sr. Duke (Reverendo E. Duke?) hac*iendo referencia al círculo megalítico de Abury:*

"Pero, dice el Señor Duke, imbuido en ciclos y epiciclos., "mire aquí! estos dos círculos dentro de otro circulo, representan el Sol y la Luna transitando juntos!" - "El Sol y la Luna nunca transitan juntos por más de dos minutos, citó el Sr. Bowles"

Sabemos que el sol y la luna sí transitan juntos bajo ciertas condiciones astronómicas; cuando la luna cruza el Ecuador cerca del equinoccio de verano, ese año alcanza la latitud más alta posible y un Lunastício Mayor o Menor ocurre. Estos lunastícios son especiales, solo ocurren cada 18.6 años. En esas condiciones, la declinación de la luna está cerca del Ecuador a 0° de latitud, lo mismo que el sol; lo que sucede durante ambos equinoccios: de verano e invierno. Ese año dos lunastícios del mismo tipo ocurren, uno en cada hemisferio, Mayor o Menor. Los lunastícios máximos de cada tipo ocurren intercaladamente cada 9.3 años. Bajo estas condiciones si la luna también está cerca del nodo ascendiendo o descendiendo su Ascensión Recta es 0° o 180° con respecto al equinoccio de verano. Durante esos momentos hay una gran probabilidad de que ocurra un eclipse; días antes o después del cruce del equinoccio. Con todos estos parámetros presentes, durante los solsticios, por un año o dos antes y después del lunastício mayor o menor, el sol y la luna pueden verse transitando juntos. La Tabla 1 presenta los datos de los eventos del sol y la luna en los años 1800 y 1802, como se vieron desde Teotihuacán.

6:35:22 AM	TEOTIHUACAN	19.6924	98.843911 W						SUN DATA					MOON DATA							
YEAR												HOUR	AZIMUTH	ECL LAT	Geom. Elev	RA	DECLINATI	Longitude	Ecl. Long	e.long diff	DEC. DIFF	Az. DIFF	Elv. Diff	RA Diff
1802	DATE	HOUR	AZIMUTH	S.Longitud	Geom. Elev	RA	DECLINATION	longitude																
VERNAL EQUINOX	22-Mar	1:01:00	35.1644	0.0001	-66.3580	0.0001	0.0000	67.9020	1:01:00	170.3790	-2.6820	59.7620	198.3450	-10.6770	93.7750	200.9700	200.9699	10.6770	135.2146	125.1180	198.3449
SUMMER SOLSTICE	22-Jun	14:00:00	283.1760	89.6540	62.1800	89.6220	23.4650	128.5380	14:00:00	280.9330	0.3890	-39.1760	349.7890	-4.2870	130.9080	349.0560	259.4020	27.7920	2.2430	101.3580	260.1670
STANDSTILL	30-Jun	19:52:00	301.2276	96.5810	-15.2790	97.1470	23.3020	145.8450	19:52:00	312.9580	4.9220	-12.2730	85.1680	28.5160	131.0990	85.7310	10.6500	5.0140	17.9304	6.9980	11.9790
AUTUMNAL EQUINOX	24-Sep	12:20:00	199.7538	179.9999	89.1790	179.9999	0.0000	105.7480	12:20:00	268.3490	1.5180	52.0520	148.0520	14.5490	138.2410	148.2480	34.7530	14.5490	88.5954	17.1270	91.9479
WINTER SOLSTICE	23-Dec	12:35:00	191.9448	270.3190	-45.9550	270.3490	-23.4650	107.8680	12:35:00	221.0360	-5.0290	30.1120	240.6280	-25.8490	138.2080	243.6970	26.6180	2.3840	29.0912	15.8430	29.7150
1800	DATE	HOUR	AZIMUTH	S.Longitud	Geom. Elev	RA	DECLINATION	longitude	HOUR	AZIMUTH	ECL LAT	Geom. Elev	RA	DECLINATI	Longitude	Ecl. Long	e.long diff	DEC. DIFF	Az. DIFF	Elv. Diff	RA Diff
VERNAL EQUINOX	22-Mar	13:23:00	225.3811	0.0000	62.9990	0.0000	0.0000	117.8980	7:28:56	240.1350	-5.1390	9.2720	310.1160	-23.6820	-168.4990	306.3310	306.3310	23.6820	14.7939	53.7270	310.1160
SUMMER SOLSTICE	21-Jun	11:00:00	72.3962	89.0420	75.3180	88.9550	23.4630	83.5740	11:00:00	327.8930	3.6530	82.6090	69.3980	25.8020	-103.2020	71.4820	17.5500	2.3400	255.4968	7.2910	19.5570
MAJOR STANDSTILL	26-Sep	12:35:00	208.5110	182.4480	66.7480	182.2460	-0.9740	-109.7070	22:00:00	119.8160	-5.0980	-2.5980	273.8750	-28.5180	-17.0930	273.4180	90.9700	27.5440	88.6950	69.3460	91.6290
AUTUMNAL EQUINOX	24-Sep	0:43:00	93.6681	180.0000	-66.7310	180.0000	0.0000	88.8260	0:43:00	257.3030	-3.3290	-51.3810	234.7760	-22.9450	122.6000	237.6570	57.8870	22.9450	223.8389	13.3500	54.7760
WINTER SOLSTICE	24-Dec	7:35:00	120.9047	269.5780	12.6310	269.5410	-23.4650	-32.9580	7:35:00	80.4370	-2.7200	-51.7220	344.7880	-9.4460	42.8670	342.3530	72.7750	14.0290	40.4877	64.3530	75.2430
MAJOR LUNAR STANDSTILL AT TEOTIHUACAN YEAR 1802																						

Tabla 1.

Las condiciones descritas son parecidas durante la luna nueva; a ese momento el sol, la luna y la tierra pueden alinear pero los lunastícios no alcanzan su máxima latitud. Cerca del alineamiento a 0° la luna es iluminada por su lado posterior con respecto a un punto en la tierra. Aunque un eclipse no ocurra y la luna se encuentre a pocos grados al lado del sol, esta no se puede ver al ojo debido al brillo solar. En estas condiciones el sol y la luna tienen una diferencia en azimut con respecto a la tierra; la diferencia en ángulo se conoce como elongación.

La luna nueva es de interés especial en este estudio porque no se puede ver, a no ser que ocurra un eclipse. En el estudio demostraremos que los diseñadores de sitios arqueológicos, sabían con precisión la posición de la luna en esos momentos. Cuando la luna está muy cerca de un nodo, la intersección de las orbitas, los tres cuerpos celestes pueden quedar alineados. Este alineamiento se llama un syzygy del sol, la luna y la tierra; un alineamiento en el espacio de tres o más objetos celestes. Cuando durante el alineamiento la luna está en medio del sol y la tierra, ocurre un eclipse solar. Si la Tierra se interpone en medio del sol y la luna, es eclipse lunar. Cuando los alineamientos son precisos en las tres dimensiones espaciales, los eclipses de sol o luna son totales. Des alineamientos pequeños resultan en eclipses parciales. Durante los eclipses de sol la sombra de la luna sobre la tierra cubre un área relativamente pequeña. Esa pequeña área de sombra pinta una faja angosta de sombra de unos 250km de ancha, en su travesía de Oeste a Este, sobre la tierra. La luna orbita en la misma dirección que la tierra pero más despacio así que queda rezagada, de tal manera que para un observador desde la tierra, esta aparece como si se levantara en el Este y cayera en el Oeste. La sombra de la tierra es muchísimo mas amplia en el espacio que la de la luna, tal que los eclipses de la luna se pueden ver sobre casi todo el lado de la tierra cuando uno ocurre.

Desde el punto de vista de una persona (vista topo céntrica) cuando la diferencia en azimut entre el sol y la luna se aproxima a 0° ó a 180°, si un eclipse ocurre este se puede ver desde ese lugar mientras el acercamiento esté dentro de ciertos parámetros. Alguna clase de eclipse puede ocurrir a una longitud entre ± 9.92º cerca de cualquiera de los nodos; ascendiendo o descendiendo, hacia arriba o bajo de la eclíptica. La evaluación de eclipses utilizando el centro de la tierra como punto de referencia, es *geocéntrica;* objetos en el espacio se localizan encontrando sus coordenadas *X, Y* y *Z* en una grafica Cartesiana tridimensional. La evaluación geocéntrica es absoluta, es totalmente independiente del punto de observación, no se involucran las condiciones atmosféricas, topográficas o paralaje. En este estudio utilizamos el sistema geocéntrico, excepto cuando se indica. De esta manera los parámetros indicados para los eclipses son más exactos.

"Para que un eclipse ocurra la latitud de eclíptica de la luna no debe ser de más de 1º 28' N ó S. Cuando la luna nueva ocurre dentro de 18º31' de longitud de los nodos, un eclipse solar parcial puede suceder si la latitud de la luna es suficientemente pequeña. Dentro de 15º21' desde el nodo algún tipo de eclipse solar debe ocurrir. Eclipses totales o anulares suceden cuando la latitud de la luna esta dentro de 58'N o Si la luna nueva esta dentro de 9º55' de longitud del nodo. El valor actual alrededor del nodo es de 15.39º y 18.59º[18] Para que cualquier tipo de eclipse lunar, la altitud de la luna no debe exceder en latitud de 56'N ó S y la luna llena debe ocurrir dentro de 11º38' de la línea nodal. Para que un eclipse total de luna ocurra, la latitud de la luna no debe exceder 26' N ó S y la luna llena debe ocurrir dentro de 3º45' de la línea nodal."[8]

En un trabajo anterior [6] confirmamos que hay coherencia en la posición geográfica y en el alineamiento de monumentos entre sí mismos y concluimos que para que esto fuese cierto los alineamientos debieron haberse hechos geométricamente, con el centro de la tierra como punto de referencia: geocéntrico. De tal manera la mayoría de las medidas y datos que se presentan fueron calculados así. Datos topo céntricos también se presentan y en algunos casos se comparan.

En el verano de 1800 en Teotihuacán, Méjico se calculó que el sol y la luna mantuvieron una distancia entre 7º y 21.7º; esto es equivalente a una distancia sobre la tierra de casi dos mil kilómetros entre sus posiciones a sus zénit respectivos. Esta distancia se mantuvo casi constante durante todo el día, lo que indicó que la luna estaba cerca de un nodo. La distancia angular entre los dos cuerpos celestes depende de sus posiciones con respecto a la tierra y el movimiento simultaneo de la luna y la tierra en sus orbitas. La relación de la luna y la tierra con respecto al sol en el espacio, a un momento dado puede ser descrita en términos de varios parámetros, entre ellos: la precesión del eje terráqueo, y su inclinación, la declinación del sol de acuerdo con la época del año, la posición de la luna de acuerdo con su fase en su ciclo de lunación y su declinación con respecto a la tierra. En un caso, la distancia aparente dentro del sol y la luna disminuye a medida que el sol alcanza su máxima o mínima declinación (el solsticio) y la luna también alcanza su latitud máxima o mínima dentro del mismo espacio de tiempo. Cuando el sol alcanza su máxima declinación permanece *fijo* a esta latitud, lo suficiente para que la luna alcance la misma latitud en rumbo a su propia lunación, la cual ocurre aproximadamente a 5.14º más de latitud. Si esto ocurre cerca de un nodo - la latitud de la luna con la elíptica se aproxima a 0º- un eclipse solar puede suceder. El sol alcanza su máxima o mínima latitud, cada una, una vez por año; el solsticio de verano o invierno.

El mecanismo orbital de la luna es mucho más complejo de lo que pueda aparentar a primera vista. El mes sinódico es el tiempo que la luna toma alrededor de su órbita, de luna nueva a luna nueva (29d 12h 44m 3s). La órbita de la luna alrededor de la tierra no es fija; esta varía constantemente en varios respectos, de tal manera que los valores de todos sus parámetros son promedios. Su órbita no es circular y su grado de excentricidad también varía constantemente, lo que causa que su distancia a la tierra varíe aproximadamente 40 mil kilómetros resultando en una distancia promedio de 384.400 kilómetros. La inclinación de su órbita también varía, el ángulo de inclinación promedio, con la eclíptica, es de 5.145º llegando a un máximo de 5.3º. Debido a este ángulo su órbita se cruza con la de la tierra dos veces por año. La luna cambia de culminación mayor a menor en menos de cuatro semanas: 27.212 días -el mes Dracónistico, que se define como el tiempo que la luna toma en completar una revolución empezando en el nodo ascendiente a través de la eclíptica (27d 5h 5m 36s). Debido a que su órbita es excéntrica, cada otra luna nueva, la luna pasa lo más cercano a la tierra; su perigeo y cada otro mes a su mayor distancia; su apogeo. El tiempo que la luna toma en llegar de perigeo a perigeo se define como el mes Anomalístico (27d 13h 18m 33s). La longitud del nodo ascendiente esta sincronizada con la longitud del sol comenzando a 0º en el equinoccio de verano. La duración del mes Draconístico es más largo cuando sus longitudes son 0º ó 180º y más corta cuando son de 90º o 270º. La inclinación de la órbita varia de la misma manera, a ángulos de 0º ó 180º alcanza su inclinación mayor de 5.3º y su mínimo de 5º cuando el ángulo es de 90º ó 270º. Lo que resulta de esto es que los eclipses solares o de luna ocurren cuando la inclinación de la órbita se acerca a su máximo.

La combinación de efectos de las tres variaciones de periodo lunar; Sinódico, Anomalístico y Draconístico se conoce como un harmónico el cual se repite cada 18.6 años; que es el mismo tiempo que le toma al nodo en ascensión en llegar al mismo lugar en la precesión retrograda de su órbita. Este ciclo se conoce como el *Ciclo Saros*. De tal manera, su naturaleza cíclica es debida a la inclinación de la órbita con respecto a la eclíptica y a la precesión de su órbita. Las dos máximas declinaciones de la luna se conocen como el lunastício Mayor y Menor; cuando la luna esta sobre la eclíptica y el eje terráqueo se inclina hacia ella y cuando se inclina en sentido opuesto, respectivamente [10]

Encontrando alineamientos del sol y la luna

Para llevar a cabo el objetivo de este estudio, fue preciso desarrollar una manera metódica de encontrar o probar que el sol o la luna, durante los equinoccios o solsticios u en otras épocas del año, alinean al azimut en el que se encuentren con los ángulos de los monumentos arqueológicos.

Durante los solsticios el sol permanece a una latitud casi constante por un periodo de 24 horas; cerca del Trópico de Cáncer en el hemisferio norte o cerca del Trópico de Capricornio en el hemisferio sur. Los dos trópicos marcan la mayor declinación al que el sol puede alcanzar corrientemente. La aproximación entre el sol y la luna es casi totalmente dependiente del curso de la luna en su órbita con relación a la declinación alcanzada por el sol. El sol toma tres meses en subir desde el nodo ascendente en el ecuador hasta su máxima o mínima declinación y otros tres meses en bajar hasta el ecuador, su nodo descendente; los equinoccios de verano e invierno respectivamente. Un total de seis meses para completar cada ciclo entre los equinoccios. Existen otros parámetros los cuales afectan la posición relativa del sol con el planeta, año tras año en relación con un punto determinado.

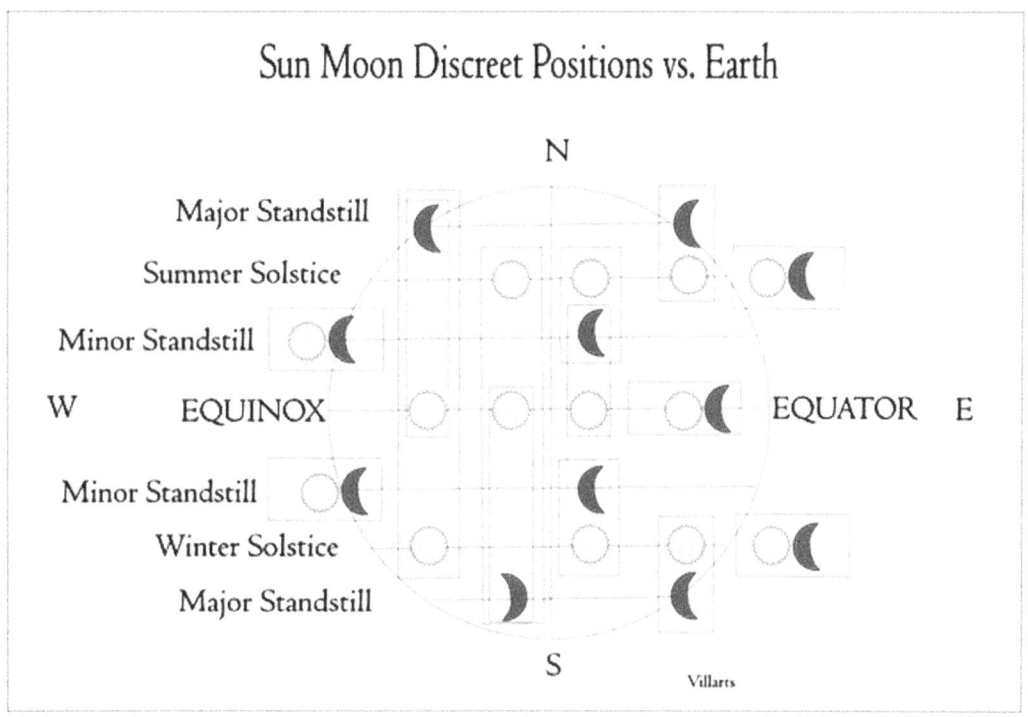

Figura 1

El sol y la luna en sus declinaciones, en relación a la tierra en su órbita, producen configuraciones geométricas específicas: S-max/L-max, S-Min/L-Min, S-max/L-Min, S-Min/L-max, y el sol en el ecuador; (equinoccios): Sun-Prim/L-max, Sun-Oto/L-max, Sun-Prim/L-Min, Sun-Oto/L-Min. Los lunastícios son situaciones especiales que acontecen cuando las curvas de las trayectorias del sol y la luna de solsticio a solsticio entran en fase. Comienzan cuando la luna esta cerca del sol en su equinoccio, ambos tienen declinación de 0º, lo mismo ocurre durante el equinoccio de invierno. La Ascensión Recta (RA) es 0º para ambos en el comienzo del equinoccio de verano y 180º en el equinoccio de invierno, lo que ocurre únicamente cada 18.6 años. En el año en que esto sucede el lunastício alcanza su máxima latitud; mayor o menor. La máxima latitud alcanzada por el sol es de ±23.5º y la de la luna aproximadamente 5.1º más en ambas direcciones. Otras combinaciones de sus posiciones son posibles como cuando la luna llega a la misma latitud del sol durante su solsticio. Todas las combinaciones posibles son útiles para encontrar alineamientos. Algunos de estas combinaciones de las posiciones del sol y la luna se muestran en la Figura 1.

Las posiciones indicadas en la grafica fueron utilizadas como referencia en el protocolo de investigación para encontrar alineamientos astronómicos con monumentos en varios lugares de la tierra. Conjeturamos que estas posiciones astronómicas fueron bien conocidas por los diseñadores de monumentos. Para los lectores no familiares con astronomía básica es necesario familiarizarse con la mecánica de los movimientos del sol, la luna y la tierra. La información básica presentada y usada en el estudio está basada en su mayoría en la cátedra en línea del Dr. Fred Espenak, que se encuentra en el sitio web de la NASA [11]. Esta referencia es titulada 'Eclipses and the Moon's orbit', otros recursos se proveen en las referencias [12] [13]. El conocimiento básico de la mecánica que determina como ocurren los eclipses y el efecto que los movimientos lunares tienen en su periodicidad y re ocurrencia, en combinación con los del sol y la tierra, dan una visión del sistema de los tres cuerpos celestes, que más adelante demostraremos, los ingenieros en la antigüedad lo conocieron con suficiencia. Esperamos que el bosquejo básico que damos sobre el tema le dé al lector suficiente información para poder apreciar la magnitud y complejidad del legado de los antepasados.

El cambio en declinación de la luna de arriba a abajo cruzando la eclíptica en un mes nodal de 27.212 días, alcanza latitudes máxima y mínima de aproximadamente ±28.5º durante un lunastício mayor. Otras latitudes de interés ocurren a ±23.5º, ±18.5º y 0º. Estas latitudes sirven como guías donde buscar alineamientos en lo que de otra manera serian un gran número de latitudes intermedias entre el equinoccio al solsticio. La búsqueda de eclipses es algo más fácil, estos ocurren a tiempos bien definidos que se conocen como la *época de eclipses*. Estas épocas son definidas por las dos veces que la luna se acerca a los nodos donde su orbita intercepta con la eclíptica; su latitud eclíptica se aproxima a 0º y cada una dura 34 días. La época de eclipses y el protocolo hicieron la búsqueda de alineamientos no al azar.

Este bosquejo da una idea de la complejidad mecánica del sistema local de los tres cuerpos celestes. Un sistema que está constantemente en movimiento cíclico harmónico y siempre bajo fuerzas disruptivas y de contrabalanceo desde el interior y exterior del sistema: las fuerzas de gravedad de los otros planetas en el sistema solar. Teniendo esto en cuenta no es difícil cuestionar la improbabilidad de que estos tres cuerpos celestes hagan un alineamiento exacto con un punto específico sobre la tierra y que este haya sido capturado en la geometría de un monumento.

La tierra y la luna intercambian posiciones en sus alineamientos con el sol, se turnan en tomar la posición del cuerpo en medio. Esto hace que el cuerpo en medio interrumpa la luz del sol hacia el cuerpo de afuera, lo cual no sucede sino cuando el ángulo de alineamiento del centro geométrico de los tres es muy cerca a 0º ó 180º; una apertura cósmica muy pequeña que resulta en un eclipse solar o de luna. Datos históricos de eclipses solares muestran que la sombra de la luna sobre la tierra debido a la repetición de eclipses, ha cubierto casi toda su superficie en dos mil años [13]. Esto implica lo raro que es que un eclipse se repita en el mismo lugar de la tierra a través de los siglos. Desde el punto de vista del individuo, dependiendo de la localidad desde donde se observa el evento, el eclipse puede o no verse en su totalidad o parte de este; mientras que otro individuo a menos de 300km. puede verlo en su totalidad. En el año 2017, el autor viajó menos de 100km. para ver el eclipse solar en su totalidad al norte de Chattanooga, Tennessee.

En la antigüedad, antes de Babilonia 1600AEC o los astrónomos; Tolomeo 100AD y Galileo 1564AD la predicción de eclipses y su razón de ser se desconocía completamente (Se le acredita a Tales de Mileto el haber predicho el eclipse del año 585AEC). Pero, sabemos que su fundación científica y la geometría de estos alineamientos no fueron definidas sino hasta alrededor del año 1609 por Johannes Kepler. La posibilidad de que esos alineamientos se hubiesen codificado en los diseños de monumentos, los cuales fueron construidos miles de años antes de los astrónomos más antiguos, es mínima.

Aunque se puede argüir la imposibilidad de que los arquitectos diseñadores de pirámides, círculos megalíticos y otros monumentos hubiesen tenido la capacidad de predecir alineamientos, o que un eclipse pudo haber ocurrido en un lugar dado y su geometría hubiese sido capturada; sin embargo, encontramos que ambos tipos de fenómenos fueron capturados en el diseño y alineamiento de monumentos. Muchos han argüido contra esa posibilidad, basados en las razones dadas y otras. También se arguye que los alineamientos pueden ocurrir por puro azar. La doctora Sherry Towers de la Universidad Estatal de Arizona, dijo en relación a alineamientos con las estrellas: "nosotros encontraremos emparamientos justamente por chance aleatorio"[2].

De todas maneras, las matemáticas que predicen el momento preciso en que los tres cuerpos celestes llegan a alinear son reales. Cuando encontramos que el fenómeno ocurrió y que la geometría de la posición de los tres objetos en el espacio, cuando este ocurrió, también se encuentra en la geometría del monumento y que este fue erguido en el lugar donde el fenómeno ocurrió; el emparejamiento geométrico es irrefutable.

La capacidad de predecir todas las variables matemáticas y su convergencia en un momento y en un lugar dado para que un eclipse ocurra es una realidad matemática; los eclipses se pueden predecir en el futuro y se pueden calcular en el pasado. Esta es la habilidad que los arquitectos en la antigüedad debieron haber tenido para haber podido planear y construir los monumentos. En el estudio presentaremos, no una ocurrencia de alineamientos sino múltiples fenómenos en el mismo lugar; tanto como en varios sitios de mayor importancia arqueológica al nivel global. En este tratado se cubren dos sitios con arquitecturas diferentes. En la versión en inglés se presenta la totalidad del estudio. Los alineamientos *simples* del sol o la luna por si solos con monumentos, la evidencia combinada de estos a un nivel global es preponderante; aun si muchos de estos son aleatorios. En un caso especifico, los alineamientos *aproximados* del sol o la luna durante los solsticios o equinoccios son bien reconocidos sin tener importancia que los monumentos se encuentren a cualquier latitud; desde Brodgar a latitud de 59°N hasta Tiahuanaco a latitud 16.5°S.

Para encontrar los alineamientos del sol y la luna en el curso de la investigación, en lugares donde hay más de un monumento, el enfoque se hizo en cada uno separadamente. Estos se evaluaron en el año determinado por el método desarrollado durante el estudio. Cada sitio fue evaluado buscando fenómenos de sol o luna o en combinación siguiendo las combinaciones en el protocolo en combinación con las horas básicas de observación: el levante de sol o de luna, sus máximas elevaciones durante sus tránsitos y sus caídas. El abarque de la investigación fue limitado a los sitios arqueológicos más prominentes y solamente algunas de las variables en el protocolo se aplicaron. El estudio comenzó en Teotihuacán Méjico; la razón se explica más adelante. El propósito base del estudio fue el utilizar la geometría de las posiciones astronómicas de los tres cuerpos celestiales -sin efectos de paralaje, topografía o difracción atmosférica- como método para encontrar la edad de monumentos arqueológicos. Los alineamientos de los monumentos con el sol y la luna durante los fenómenos astronómicos, resultado de su geometría espacial, esperamos probaría nuestra hipótesis.

El determinar manualmente la posición espacial que los tres cuerpos celestes puedan tener a un momento dado, es un proceso arduo y lento; sujeto a la mecánica espacial y las matemáticas involucradas. Los ingenieros de la antigüedad lo superaron. Dados los argumentos presentados en contra, es admirable que las configuraciones geométricas de los tres cuerpos celestes, tales como los solsticios y lunastícios, fueron clara y perfectamente reconocidos en la antigüedad en varias localidades alrededor del mundo y fueron archivados a través de los siglos en los diseños de monumentos. El sitio primordial donde esto se hizo evidente fue Teotihuacán. En este lugar el plano arquitectónico del lugar y la posición de las pirámides en este, reflejan la geometría de la posición astronómica del sol y la luna a momentos dados durante el día, cuando ambos cuerpos se encuentran cerca de sus máximas latitudes simultáneamente. El objetivo de sus diseñadores fue tal vez el dejar un legado permanente de la astronomía de nuestro sistema solar en la cual queda reflejada toda la tecnología correspondiente, su conocimiento y aplicación de esta. Este conocimiento quedo implicado en el reconocimiento de los fenómenos mismos y su ocurrencia y en el haber sido capturada en el alineamiento de los monumentos. Su habilidad arquitectónica queda demostrada con suficiencia en la grandeza y ejecución majestuosa de ellos. Al fin y al cabo, los diseñadores pudieron haber deseado demostrar el efecto que las configuraciones astronómicas tienen en crear el clima en la tierra; un legado para quienes en un futuro habitaran o visitaran el planeta. Ellos construyeron *modelos obvios gigantescos* de belleza intrínseca que representan la astronomía que crea los fenómenos. El desarrollo y ejecución de tal *instrumento* al nivel global presenta un motivo que justifica ampliamente su razón de ser y el tamaño de estos proyectos; así desbancando cualquier otra explicación que se les haya dado hasta el momento.

El Alineamiento del Sol con Monumentos. Su Historia.

El azimut de sol y de la luna con el tiempo ha cambiado con respecto al plano del sito o el alineamiento con los diseños de los monumentos. En el estudio medimos estos ángulos al amanecer, medio día y al atardecer. En estudios anteriores habíamos notado que el ángulo de incidencia del sol sobre un monumento a esos momentos es perpendicular o paralelo al a las líneas arquitectónicas de este o su eje de simetría, o también con el plano del sitio (como lo habían observado desde los años 1800 los investigadores, John Wood y Sir J.N. Lockyer [1, p.20]). Por ejemplo: reportamos anteriormente, en el templo de Kalasasaya en Tiahuanaco, Bolivia, al amanecer durante el solsticio de verano en el hemisferio sur el sol simultáneamente alinea con la estela Ponce y las Puertas del Sol y de la Luna, [9, p.152]. Como consecuencia del nuevo método -el tema de este escrito- los ángulos de incidencia van a ser medidos con mayor precisión y un análisis completo aparece más tarde en el capítulo dedicado a este monumento. En ese estudio no paso desapercibido que varios lugares arqueológicos tienen monumentos dedicados al sol y a la luna; tal como el que acabamos de mencionar y Teotihuacán; el cual, sin duda, es el más grandioso. La presencia de monumentos al sol y la luna en el mismo lugar nos sugirió que sus posiciones geográficas en el lugar y sus diseños podrían ser modelos relacionados a sus posiciones astronómicas; La luna Nueva y Llena y los eclipses de sol o luna.

El eje de simetría del plano de Teotihuacán no está alineado de norte a sur como muchos otros monumentos, lo que hace a este monumento único. Por estas dos razones lo escogimos para el inicio del estudio. Los resultados del estudio no solo nos llevaron a desarrollar un método para encontrar la edad de monumentos arqueológicos, sino que en el curso de nuestra evaluación geométrica del plan del lugar, descubrimos su planeamiento representa el sistema solar. Ofreceremos los detalles que nos llevaron a esta conclusión una vez hayamos establecido las bases técnicas que nos llevaron a ella. También describiremos como las posiciones del sol y la luna, cuando se encuentran cerca de sus máximas declinaciones al norte, una de las configuraciones en el protocolo; el solsticio en este caso, hacen alineamientos con las líneas de su diseño.

En esta parte del estudio, los datos colectados de alineamientos del sol y de la luna muestran el efecto que el transcurrir del *tiempo* a través de los siglos pudo haber causado alteración en estos alineamientos. Sus posiciones medidas hoy (el año 1800) han cambiado con respecto a sus alineamientos teoréticos originales en el momento que los monumentos fueron diseñados. El estudio demuestra que la geometría de la configuración sol-tierra-luna ha cambiado a través de los siglos en cualquier época del año. Esto se hará aparente en nuestra descripción de la geometría de *hoy*. En el análisis usaremos las palabras *casi* y *aproximadamente* con frecuencia; simplemente porque cuando describimos, por ejemplo, la posición del sol: *iluminó perpendicularmente*, frecuentemente su posición puede ser desde minutos a uno o dos grados fuera de perpendicularidad. En un estudio anterior habíamos propuesto la hipótesis que las pequeñas diferencias en alineamiento geométrico podrían ser causadas por el transcurrir del tiempo, y propusimos que al hacer un análisis retroactivo para encontrar la posición del sol en el pasado basados en la geometría del monumento y su emparamiento con la posición del sol, como resultado encontraríamos la edad del monumento; especialmente si el error en las medidas se pudiera reducir al mínimo. John Michell relata que Sir J.N.Lockyer había llegado a una hipótesis parecida cuando el analizó la descripción que Plutarco dio de la inscripción en el Templo de Hathor en Dendera:

" Hathor, de acuerdo a Plutarco, es Isis y en Dendera en el templo de Isis hay una inscripción, 'Isis brilla dentro de su templo en el Año Nuevo y ella mezcla su luz con la de su padre Ra en el horizonte.' Ra es el sol y Isis, también Sothis, que es la estrella Sirius. Lockyer calculó que Sirius se levantó en línea con el eje del Templo de Isis aproximadamente en el año 700 AEC, de acuerdo con la fecha de la fundación del Templo dada por los arqueólogos y que este salió al mismo tiempo que el sol, de tal manera comprobando que la inscripción es un dato verídico de un evento astronómico. "[1, p.20]

En nuestra página web, bajo el titulo *Novedades* [14] presentamos el estudio original en el que describimos cómo la creencia común que algunos monumentos reflejan en sus diseños la dirección del sol durante el solsticio, podría ser útil para encontrar la edad de un monumento, lo que a su vez sería prueba de esta. Algunos monumentos bien conocidos tales como Stonehenge y Newgrange son destacados debido a, entre otros atributos, el poder observar fácilmente como los ilumina el sol durante el solsticio. Hay muchos otros monumentos similares en otros lugares; dentro del Reino Unido mismo, la Península Ibérica, El observatorio Solar El Infiernito en Colombia, las ruedas Medicinales en los Estados Unidos como la de Wyoming y la Piedra Intihuatana en la cumbre de Machu Picchu en el Perú, entre otros. En el estudio de la piedra Intihuatana (donde se enlaza el Sol) consideramos que la variación en la oblicuidad del eje terráqueo pudiera ser una variable significativa la cual afectaría el grado de declinación solar durante el solsticio y como consecuencia el resultado de la evaluación de su alineamiento con el sol. A medida que el ángulo de oblicuidad ha cambiado, el alineamiento con el sol que se le hubiera dado a un monumento al momento de su diseño, ahora es diferente, este ha ido cambiando con el pasar del tiempo.

CAPITULO 2

ALINEAMIENTOS DEL SOL Y LA LUNA EN LA PRESENTE ERA

Teotihuacán, El monumento al Sol y a La Luna Más Preeminente
"El Lugar Donde Los Hombres Se Convierten en Dioses": Teotihuacán en lengua Azteca, Nahuatl!

Pirámide Del Sol
Aunque Teotihuacán es el monumento más grandioso dedicado al sol y a la luna, este no recibió la atención de de arqueo-astrónomos tan temprano en la historia o con la intensidad como fue para Stonehenge, Newgrange o las Pirámides de Giza. Morante, Hardoy, Million y Dow fueron tal vez los primeros en medir la orientación de las pirámides y la Avenida de los Muertos y otras estructuras en Teotihuacán. En el año 1986 la importancia de la orientación de la Avenida y las pirámides, Aveni y Hartung sugirieron tener algún significado calendárico relacionado con la agricultura. La dirección geográfica de la Avenida de los Muertos fue reportada entre 15º a 15.416º en azimut; Millon (1973:53). En la primera parte del estudio usamos 15.15º, la medida que se obtuvo con Google© earth, en la segunda parte del estudio encontramos un caso en el cual 15.45º se podría justificar [15].
Durante el solsticio de verano en Teotihuacán el día 21 de Junio de 1800 amaneció a las 5:19:38 hrs., el sol tenía un azimut de 64.504º; a este ángulo la dirección del sol siguió la línea NE-SO (61.94º) de la pirámide del sol a un ángulo bastante parecido. Al medio día a las 11:56:38hrs in 1800 (11:57:11hrs en 2015) el sol brillo sobre la pirámide de la luna con un azimut a ángulos de 15.15º y 15.23º respectivamente y por ende a lo largo de la Avenida de los Muertos. La Avenida tiene un azimut de 15.15º; geométricamente comienza en la cúspide de la Pirámide de la Luna y continua

hacia el suroeste, pasando inmediatamente el Templo de Quetzalpapalotl A la derecha y un poco más al sur marca el alineamiento de la Pirámide del Sol a la izquierda y mucho más al sur, también a la izquierda pasa por el Templo de Quetzalcóatl. En ese momento las tres pirámides fueron iluminadas perpendicularmente sobre sus lados enfrentados al noreste. Cuatro horas más tarde (16:00hrs.) el sol brilló a un azimut de 285.454º desde el oeste, así iluminando el lado enfrentado hacia noroeste de las pirámides y casi perpendicular (+0.3º) con la Avenida de los Muertos. Al atardecer (18:40hrs.) el ángulo llego a 295.281º. La posición del sol al medio día durante el solsticio en Teotihuacán, parece debió tener un significado importante; su azimut a ese momento fue igual al azimut del plano general de Teotihuacán el cual está alineado a un ángulo inusual de 15.15º.

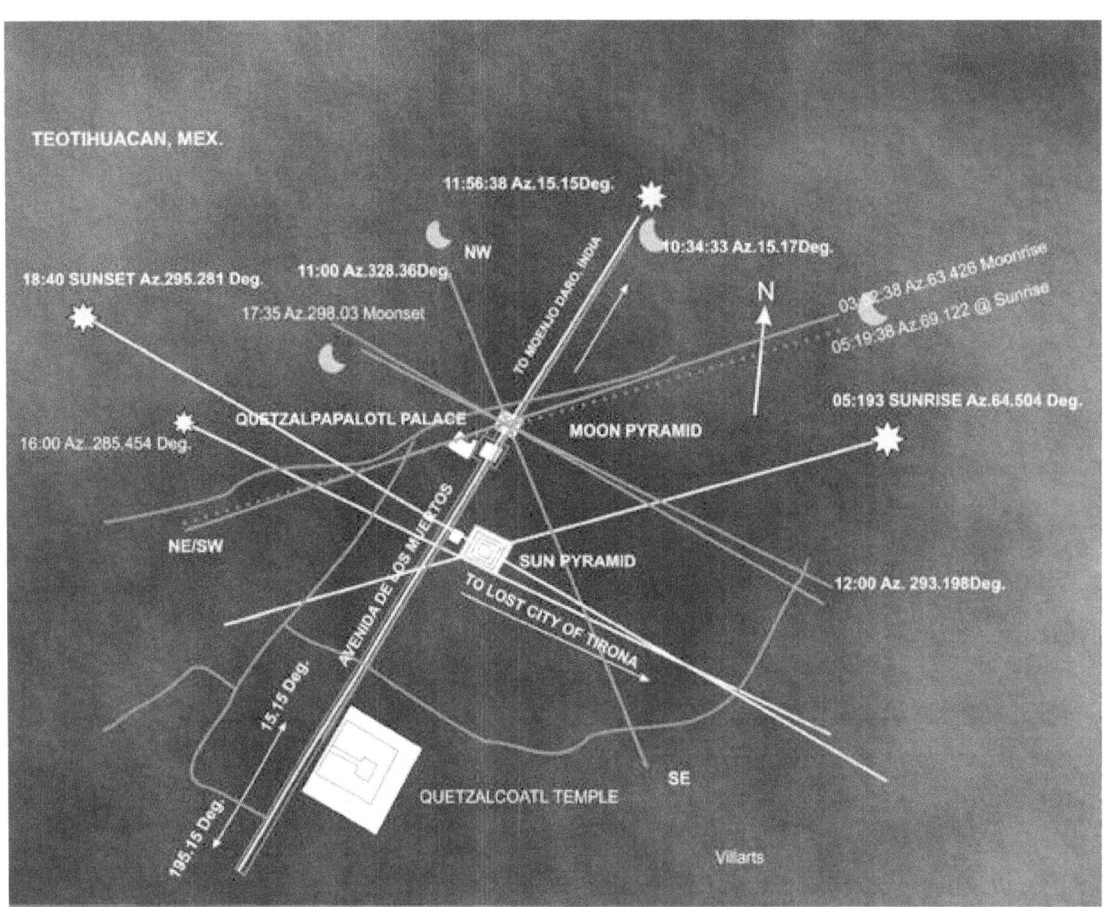

Figura 2 - PLANO DE TEOTIHUACÁN

La mayoría de los monumentos y sitios arqueológicos están alineados con los puntos Cardinales, así siguiendo el movimiento del sol de este a oeste; el sol alinea con estos de NS en su zenit y de EO al amanecer y su ocaso. En Mesoamérica hay un grupo de monumentos que están alineados hacia los 17º, lo que puede ser significativo como lo demostraremos más adelante. (Aveni 1991:269; Aveni and Gibbs1976:510).

Pirámide de la Luna

De manera similar al sol, ese mismo día la posición de la luna al amanecer (5:19:38) tenía un azimut of 69.122ºsobre la Pirámide de la Luna, siguiendo su diagonal NE/SO (65.23º), mientras que al momento de su salida (03:51:00 con elevación -0.744º) su azimut fue de 63.346º con únicamente 1.88º de diferencia con la diagonal. A las 10:34:34hrs. La luna alineó con la Avenida de los Muertos a un azimut de 15.17ºy a las 11:00hrs. su azimut era de 327.865º, casi igual a la diagonal NO-SE de la pirámide de 328.49º. Al medio día tenía un azimut en el horizonte de 293.198º iluminando la cara NO de la pirámide (+8.04º), al ocultarse a las 17:35 hrs. su ángulo había aumentado a 298.03º. En la Figura 2. se puede apreciar la simetría mantenida por ambos el sol y la luna sobre las pirámides, cuando se toman vistas instantáneas a los momentos especificados, comenzando con los primeros rayos de luz durante el solsticio de verano en el año 1800. Las posiciones astronómicas simultaneas del sol y de la luna, parece fueron diseñadas dentro del plano de los ángulos de las pirámides y de la ciudadela; es decir, la geometría del complejo. El alineamiento del sol ocurre 3:22 minutos antes de mediodía. Si este alineamiento no es accidental y las simetrías de los tránsitos del sol y la luna descritos, fueron hechos parte de los diseños; implicaría que en algún momento en un pasado lejano antes de 1800, alineamientos con ciclos parecidos fueron observados y anotados. Sabemos que el ángulo de inclinación del eje terráqueo esta continua y paulatinamente cambiando al mismo tiempo que su precesión. Estas son unas de las razones por las que los pequeños des alineamientos que se observan ocurren.

La posición del Sol en el Cielo.
La hora Aparente vs. La Hora Solar Promedio, su Efecto en los Alineamientos.

La ecuación del tiempo reconcilia la diferencia entre la hora aparente y la hora solar; toma en cuenta la inclinación del eje terráqueo y la excentricidad de la órbita. La construcción gráfica de la posición del sol en el cielo a través de un año, desarrollada cada día en el mismo lugar y hora es una curva llamada analema. La curva parece un número ocho inclinado [16;]. Incidentalmente esta curva aparece como un símbolo esculpido en varios sitios arqueológicos en todas las Américas y otros lugares. Su presencia es tan común que al símbolo se le han dado cualidades religiosas y de sabiduría.

Habíamos teorizado que si la posición del sol se pudiera calcular en tiempos pasados y su azimut comparado con el de un monumento, podríamos de esta manera encontrar el año en que un sitio arqueológico fue diseñado. Si el ángulo de incidencia del sol en el pasado alineara perfectamente con sus lados u su plano ese sería el año en que se planeo el diseño.

Para poder alinear un monumento con el sol se requirió el conocer el día promedio. En nuestro trabajo anterior habíamos determinado que los diseñadores en la antigüedad tenían ese conocimiento [6]. En el mismo trabajo determinamos que la Avenida de los Muertos es un arco segmento de un circulo mayor terráqueo que tiene un azimut de 15.15°. Este círculo mayor al otro

lado de la tierra corta el Valle Indico de norte a sur y alinea con la ciudad antigua de Mehrgarh y pasa a 24 km al este de Mohenjo Daro. Mehrgarh fue datada a 7000AEC y Mohenjo Daro a 2500AEC (UNESCO). El valle del Rio Indus está ubicado a unas 11:07:54 hrs. adelante de Teotihuacán.

El calcular la ecuación del tiempo en el pasado con relación al sitio arqueológico de Teotihuacán, nos pareció ser una manera posible de hallar su edad. Adoptamos esta idea como procedimiento para probar la hipótesis; los resultados se discuten más adelante. Antes de continuar quisimos establecer si las observaciones que hicimos en Teotihuacán en el año 1800 tuvieron algún impacto similar en otras estructuras arqueológicas al rededor de la tierra, o si serian estas una casualidad y por tanto únicas en este lugar.

Figura 3. Una analema por Bell Labs, USA

MOHENJO DARO

Evaluando las posiciones del sol y de la luna en Mohenjo Daro en el año 1800 establecimos que las posiciones del sol y la luna en su tránsito duplicaron la geometría descrita para Teotihuacán. Aunque el alineamiento de la Estupa y las edificaciones alrededor están alineadas casi de norte a sur, no como Teotihuacán; 4.73°N / 184.73°S. Al medio día la posición del sol estaba al sur con un azimut de 176.8° y a media noche en el norte a 359.69°. Al medio día en Mohenjo Daro, son 00:52:06 minutos pasada la media noche del día anterior en Teotihuacán. El azimut de la luna a medio día en Mohenjo Daro era casi perpendicular a la posición del sol a 268.62° y su posición a las 23:04hrs Mohenjo Daro, eran unos minutos antes de medio día en Teotihuacán: 11:56:06. También, 56 minutos antes de media noche en Mohenjo Daro el sol estaba físicamente localizado con coordenadas latitud 23.46°N y 97.73°O y tenía un azimut de 343.62°. Esta posición es al noreste de

Teotihuacán sobre el círculo mayor trazado sobre la Avenida de los Muertos. Igualmente desde este mismo lugar el sol alinea en Stonehenge cuando son las 18:30hrs allá y es casi medio día en Teotihuacán: (11:56:38).

STONEHENGE

El amanecer en Stonehenge en el año 1800 ocurrió a las 3:55:30, un poco más tarde que hoy (3:40 en 2015) y su azimut alineo aproximadamente, como también sucede hoy, con el altar y la piedra Heel. Este sitio también reproduce la aparición del sol y la luna transitando juntos durante el solsticio de verano. El cambio de azimut por cada hora en un ciclo de veinte y cuatro horas parece alinear con los megalitos del círculo exterior, como se puede apreciar en la Figura 4. Como mencionamos, a las 18:30hrs, hora de Stonehenge, el azimut del sol como aparece en la primera foto (la línea en la posición 10pm), el sol estaba físicamente colocado sobre el círculo de la Avenida de los Muertos a las 11:56:38 hora de Teotihuacán. Las posiciones de la luna en el mismo día también corresponden con las posiciones de los megalitos, hora tras hora todo el día. De estos alineamientos algunos parecen estar bien definidos: el alineamiento de la Piedra Heel, la línea de medio día 12:00hr, las líneas de las 18:00 y 18:30 hrs.

Hay que recalcar que la luna va aproximadamente una hora antes que el sol durante el día. También, que la distancia angular entre el sol y la luna se hace más amplia hacia el sur. Esto se debe a que durante el transito del sol y de la luna durante el solsticio y el lunastício, ambos llegan a su latitud más cercana al anillo megalítico. En el diseño, la distancia entre los megalitos del anillo del lado sur y la ausencia de otros parece tener en cuenta esta realidad geométrica. Este detalle se refleja en su diseño arquitectónico y es posible que también la realidad física de la variación de la velocidad angular de ambos cuerpos con respecto al cirulo; la cual aumenta y disminuye en su paso a través de su meridiano. Algunos escritores e investigadores han especulado que originalmente el anillo era completo y simétrico. Nuestro argumento parece demonstrar lo contrario. Diremos más al respecto en el capitulo acerca de Stonehenge.

También hay simetría con respecto a la posición de los tres sitios arqueológicos; si consideramos que Mohenjo Daro, Stonehenge y Teotihuacán compartieron un alineamiento con la posición del sol durante su solsticio de verano, cuando este se encontraba sobre la Avenida de los Muertos. Además de esto, encontramos que la diagonal hacia el noroeste de la base de la Estupa en Mohenjo Daro, traza un círculo mayor a un ángulo de 315.2º y en esa dirección el círculo cruza el anillo de Stonehenge. Parece que la posición geográfica y el azimut de los tres monumentos fue diseñada para que alinearan con el sol en la posición del sol descrita, a un mismo momento; la posición del sol fue triangulada desde tres puntos geográficos diferentes. Esta ocurrencia no fue única, la posición del sol a longitud 97.73ºO al medio día (11:56:38hrs) en Teotihuacán también es reconocida desde otros monumentos: Desde El Templo de Quetzalcóatl en Chichén Itzá a las 12:38 hrs, El

Observatorio en Chichén Itzá, la pirámide Nonoch Mul y el Castillo en Tulum, todos estos en la península de Yucatán, Méjico. En todos estos lugares el sol brilló perpendicularmente en sus lados hacia al noroeste.

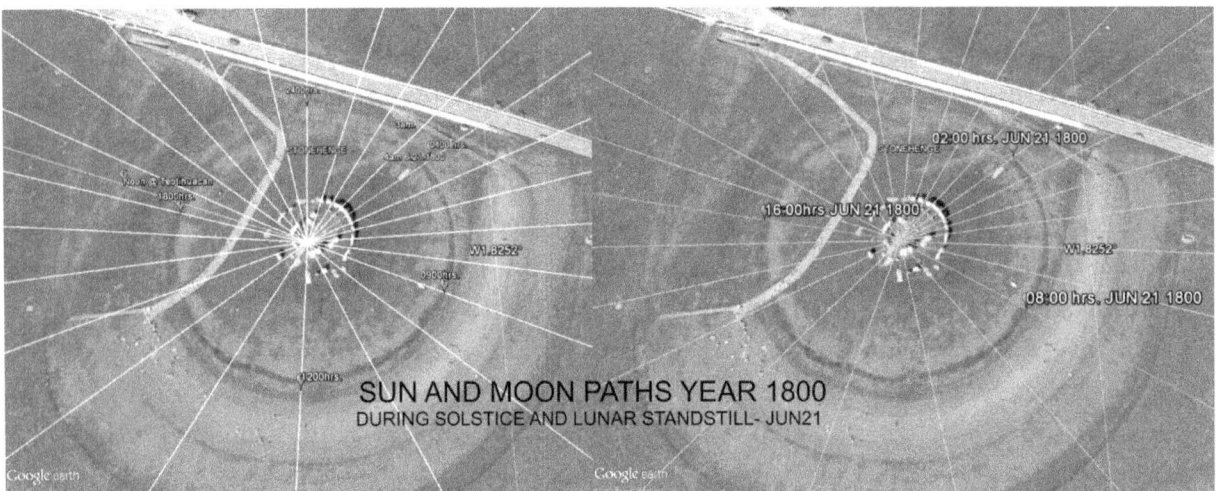

Figura 4. 24 horas de Sol y Luna en Stonehenge. El Sol a la izquierda. Nótese la diferencia angular hacia el sur

Existe otro argumento en favor de la idea de coordinación entre los tres sitios arqueológicos, así: Los tres sitios están ubicados a diferentes latitudes. Mohenjo Daro y Teotihuacán están a latitudes; 27°N y 19°N respectivamente y Stonehenge a aproximadamente 51°N. Aunque los tres monumentos tienen latitudes diferentes, la misma posición del sol alineo con elementos de sus estructuras durante el solsticio; esto sugiere que los alineamientos no son casuales. La posición geográfica, el plano del sitio y el azimut del monumento fueron ajustados de tal manera para que la diferencia en sus latitudes, hiciera que los rayos solares emanando desde un punto *fijo* en latitud y longitud cayeran sobre cada monumento de una manera geométrica y obvia; a un ángulo especifico, con la simetría del diseño o con megalitos asentados de una forma estratégica, como en el caso de Stonehenge.

Vale repetir que Mohenjo Daro y Stonehenge están relacionados por el azimut del circulo mayor que cruza sobre Stonehenge, generado por la diagonal NO/SE de la Estupa a 315.2°. Este *conecta* a los dos de una manera similar a la que el círculo mayor generado por el azimut de la Avenida de los muertos -el eje de simetría de Teotihuacán- *conecta* a este con Mohenjo Daro. El alineamiento *inusual* de Teotihuacán resulto ser la *llave* que nos llevó a reconocer la relación que los monumentos tienen con las posiciones del sol y de la luna de *una manera globalmente coordinada*. Este punto se revisitara en mayor detalle cuando discutamos los detalles de los resultados obtenidos con la aplicación del método para establecer la edad de monumentos arqueológicos, que se presenta aquí.

CHICHÉN ITZÁ Y OTROS MONUMENTOS

Chichén Itzá es uno de los otros sitios arqueológicos donde encontramos coordinación geométrica del sol desde la misma posición sobre la Avenida de los Muertos. También se encontraron alineamientos con otros monumentos en la península de Yucatán además de este sitio. En Chichén Itzá alineó con dos de sus monumentos; El Templo a Quetzalcóatl y El Observatorio. El Templo está alineado hacia el noreste a un azimut de 22.39°. Al amanecer a las 05:45hrs en Junio 21, 1800 el sol salió con un azimut de 64.59°, que corresponde muy cerca al el ángulo de la diagonal NE/SO de la pirámide. Al medio día el sol se había movido a un ángulo de 338.7°que corresponde al azimut de la diagonal NO/SE. Treinta y ocho minutos más tarde el sol estaba a la misma longitud 97.73°N y brilló perpendicular a la cara NO del Templo al dios Quetzalcóatl.

Es importante mencionar que durante el equinoccio al atardecer cerca de las cinco de la tarde, las esquinas del noroeste del Templo que son terrazas escalonadas hacen sombra de arriba a abajo de forma ondulada sobre el lado de las escaleras, dando una visión de la serpiente dios Quetzalcóatl bajando hasta su base donde se encuentra su gigantesca cabeza. Figura 6.

La serpiente es el mismo dios Quetzalcóatl el cual también tiene un Templo dedicado en Teotihuacán. Este Templo es la tercera estructura más grande después de las pirámides del sol y la luna y también tiene el alineamiento de la Avenida de los Muertos. En Chichén Itzá la luna también casi alinea con la cara NO del Templo a la misma hora que el sol, pero con tres grados de diferencia.

Figura 6. Fotografía de su hijo e hija por el autor.

El Observatorio y el Castillo en Tulum en la costa este de Yucatán, de la misma manera también están alineados con la posición del sol a 97.73º de longitud. Desde este punto el sol iluminó el lado NO de las estructuras perpendicularmente. En la Figura 7. se pueden ver los alineamientos descritos. A la izquierda en la parte baja de la figura, la flecha apunta hacia el Observatorio; nótese, la línea que marca la dirección del sol es paralela a la base de la estructura. En el centro está la pirámide Templo a Quetzalcóatl con sus líneas diagonales al noroeste y al noreste. La dirección del sol de oeste a este está ilustrada con dos líneas paralelas; una pasa por el Templo y la otra por el Observatorio. La del templo continúa hacia la pirámide de Nonoch Mul y el Castillo de Tulum. La línea mas clara hacia el oeste indica la posición de la luna. También se puede ver la dirección del sol a las varias horas descritas en el año 1800. La línea al amanecer también alinea con los sitios arqueológicos de Canmul y Chatún y más hacia el oeste con Kanki k'nish y Sayil.

Durante el solsticio de verano al medio día la posición del sol no solo pasa sobre la diagonal del Templo pero su continuación hacia el sur alinea con el sitio arqueológico de Incahuasi en el hemisferio sur durante su solsticio de invierno. La posición del sol durante el solsticio de invierno en 1995, en Chichén Itzá alinea desde el sur con el mismo azimut del Templo a Quetzalcóatl y continuando en esa dirección a través del Golfo de Méjico en la ciudad de Macon en el Estado de Georgia, se encuentra el Montículo de Ocmulgee con el que también alinea. El azimut de la pirámide al noreste, alinea con ese montículo. Estos montículos algunos escritores han asociado con la cultura Maya o la Azteca.

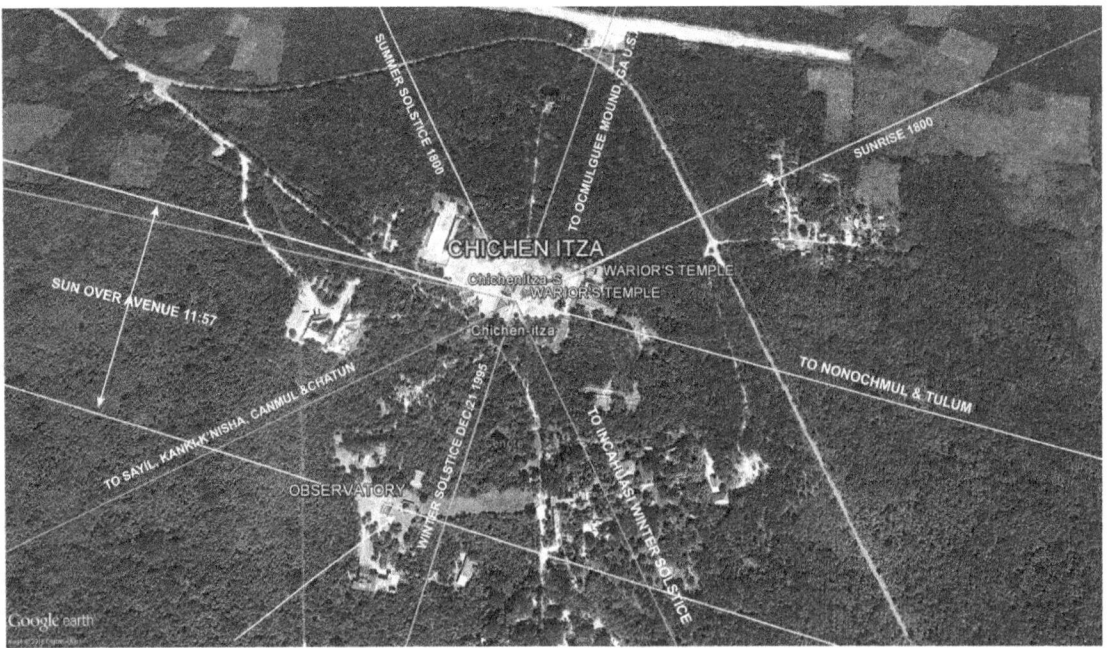

Figura 7. Posiciones del Sol en el Solsticio de Verano en el Año 1800

TIAHUANACO

En Tiahuanaco, Bolivia el 22 de Diciembre de 1995 al amanecer 05:20hrs, durante el solsticio de verano, el sol y la luna transitaban juntos a corta distancia; aproximadamente unos 5º en latitud y 6º en longitud. Esta pequeña diferencia hizo que sus azimuts con respecto al Templo de Kalasasaya fueran casi iguales. La luna estaba en su lunastício Menor a una latitud de 18.5ºS. Esta posición astronómica es notable, ya que Tiahuanaco se encuentra a latitud 16.55ºS. Al amanecer el sol y la luna juntos alinearon al mismo instante con el monolito Ponce, La Puerta del Sol y La Puerta de la Luna. Al medio día el sol estaba hacia el sur a un azimut de 183º, que coincide con el alineamiento de la ciudadela de Puma Punco que se encuentra al suroeste de Tiahuanaco. El Templo de Kalasasaya está alineado con los puntos cardinales.

Cuatrocientos kilómetros al noroeste de Tiahuanaco se encuentra el Templo del dios Viracocha en Raqchi. Viracocha es el dios asociado con Quetzalcóatl el dios serpiente del que se hablo anteriormente y tiene templos en Teotihuacán y Chichén Itzá y también algunos autores lo han asociado con el dios Egipcio Toth, como lo indica el escritor Z. Sitchin en su libro "El Libro Perdido de los Enki [17]. El templo en su época fue uno de los monumentos más importantes de origen pre Inca, con columnas masivas de unos veinte metros de alto que resemblan las de los templos Egipcios, de las cuales solo queda una. Ese mismo día al amanecer el ángulo de incidencia del sol y la luna continuo siendo casi indistinguible el uno del otro, sus rayos cayeron perpendicularmente sobre el muro principal que aún queda en el templo. Al norte de Perú cerca de la ciudad de Trujillo, media hora más tarde desde Raqchi se encuentran las Huacas del Sol y de la Luna. En su amanecer estos dos monumentos también recibieron los rayos del sol y la luna perpendicular a su eje de simetría.

Los alineamientos del sol y de la luna con los monumentos descritos, en un pasado reciente, sucedió cuando ambos cuerpos celestiales estuvieron en corta proximidad el uno del otro. Estos resultados obtenidos en los varios sitios arqueológicos fueron alentadores al estudio. Los alineamientos geométricos del sol, la luna y la tierra, parece haber sido la razón para la localización de cada uno y su azimut de alineamiento. Los varios monumentos, en el norte y en el sur, ocurrieron cuando los tres cuerpos celestiales estaban en una de las configuraciones en el protocolo.

Teorizamos que el propósito en haber alineado monumentos en sus sitios con las varias configuraciones astronómicas, fue tal vez para preservar el conocimiento de estas y el de otros fenómenos astronómicos tales como los eclipses. Los monumentos, como puntos geodésicos mantendrían en sus diseños las posiciones instantáneas de los tres cuerpos celestes, en momentos en que las configuraciones pudieran haber tenido un significado especial; tales como en el solsticio y el lunastício. En nuestro estudio, esta última configuración; el solsticio y lunastício simultáneo nos sirvió como punto inicial en el estudio de cada sitio arqueológico. También utilizamos las *épocas de eclipses,* cuando la luna esta cerca de uno de los nodos y su diferencia en longitud eclíptica con el sol son de 0° o 180°.

Mencionamos en un principio que la medición de los alineamientos de monumentos con el sol, la luna o las estrellas, es errada porque es generalmente basada en la configuración *contemporánea* de los tres objetos celestiales, no como esas configuraciones debieron ser en el pasado. También existe un *error* implicado en las mediciones mismas realizadas desde el punto de vista del que las toma; los valores de estas son *topo céntricas.* Por definición estas mediciones varían dependiendo del punto de su observación. Se asume que los monumentos fueron diseñados basados en mediciones locales. No se considera la geometría planetaria o el sistema geocéntrico para sus mediciones. Con nuestro argumento no solo eliminamos el *error topo céntrico* sino también eliminamos el error (ego céntrico), comúnmente aceptado por casi todos: los monumentos son el producto de las sociedades que pudieren haber vivido en sus alrededores. O también, si el caso es que sí fueron ellos los arquitectos, ellos no tenían conocimiento del sistema planetario. Aun cuando, refiriéndose a Stonehenge, John Wood sugirió su parecido al sistema planetario y fue reafirmado por el Reverendo E. Duke en su tratado 'Drudical Temples of Wiltshire' in 1846 [1, p.17]. El trabajo que se presenta aquí y en combinación con el publicado previamente [6] re afirma el concepto de *un diseño global;* junto con el sistema planetario que ofrecemos está representado en Teotihuacán, las Pirámides de Giza y nuestra versión del análisis de Stonehenge, la que re afirma la intuición de los Srs. Wood y Duke.

A continuación presentaremos el trabajo que demuestra que la posición relativa del sol, la luna y la tierra explican la localización geográfica y el azimut de varios sitios arqueológicos y sus monumentos; siempre y cuando la configuración de los tres cuerpos celestes se evalúe como existió miles de años en el pasado, cuando el eje terráqueo apuntaba en una dirección diferente a la de hoy debido a su precesión y la variación en la inclinación de su eje; su nutación.

La evaluación de los alineamientos del sol y la luna con los monumentos, utilizando el protocolo en combinación con las declinaciones del sol y la luna en el pasado, calculadas utilizando el método, el tema central de este escrito, resulta en una manera matemática para estimar la edad de monumentos arqueológicos.

CAPITULO 3

LA EDAD DE LOS MONUMENTOS ARQUEOLOGICOS

Los resultados del análisis de las pirámides en Teotihuacán demostraron que cuando el sol y la luna se encuentran en sus latitudes máximas, la relación entre la tierra, el sol y la luna, causa que la dirección de sus posiciones con respecto a las pirámides concuerde con las líneas geométricas de estas con buena aproximación, a varias horas durante el día. Este análisis validó con datos astronómicos la idea que los monumentos de la antigüedad fueron diseñados para que reflejaran las posiciones del sol y de la luna con respecto a la tierra a ciertos momentos.

Alineamientos parecidos a los discutidos se han reconocido globalmente en muchos sitios, los cuales han sido estudiados por investigadores desde el principio del siglo 18 [1, p.12]; esos análisis fueron iniciados con simples observaciones empíricas. Estos investigadores originalmente, fueron atraídos por conceptos existentes en escritos antiquísimos Romanos, leyendas, mitos y en el folclor popular. Su metodología fue avanzando hasta culminar con medidas físicas para el análisis de los alineamientos con el sol, la luna y las estrellas a varias horas del día. El alineamiento del sol con un monumento al amanecer durante el solsticio es el más ampliamente reconocido; es un fenómeno que parece fue diseñado en el alineamiento de cada monumento, que aun se puede observar hoy en muchos sitios alrededor del mundo, sin importar la latitud en que ellos se encuentren; una realidad que en sí misma indica que la idea en sus *diseños fue de alcance global*. La perspectiva de una visión global, nuestro estudio la confirma y que existe una *relación geométrica* entre las posiciones del sol, la luna y los diseños de monumentos en varios sitios arqueológicos. En algunos de estos sitios los alineamientos con la luna, parece se les dio más énfasis que a los del sol. No es sorprendente, ya que la luna afecta la relación astronómica entre el sol y la tierra de varias formas, entre las cuales los eclipses son las más obvias.

En una publicación anterior [14], reportamos un análisis de la Piedra Intihuatana en Machu Picchu, Perú, hecho con respecto al azimut de levante y caída del sol. Ese estudio fue basado en las medidas físicas de la piedra reportada por el explorador Alemán Rolf Müller que él tomó en 1,920. En el estudio argüimos que el alineamiento que se le había atribuido a la piedra con el azimut del sol al amanecer, podría ser usado para calcular la edad de la colocación de la piedra y el sitio, de una manera similar a la que el Reverendo William Stuckley había tratado de aplicar en Stonehenge, excepto que su técnica fue el usar las variaciones del campo magnético de la tierra, lo que le resulto en una edad de 460AEC [1, p.9]. Conjeturamos que si la intención de los diseñadores de los monumentos, fue el crear un record del azimut del sol al amanecer durante el solsticio, en cualquiera de los sitios arqueológicos donde estos alineamientos suceden: Stonehenge, Machu Picchu, etc. entonces, el des alineamiento de unos pocos grados que hoy se encuentran, pueden indicar el tiempo que tomó para que el monumento -un punto fijo sobre la tierra- se des alineara. El análisis matemático de esa ocurrencia seria parecido al análisis que se hizo para calcular la precesión del eje terráqueo. La precesión del eje causa un cambio en su dirección con relación a la posición de las constelaciones en la esfera celestial. El eje de la tierra corrientemente apunta hacia la estrella Polar, pasados 44 minutos de arco; midiendo el cambio de ángulo rotacional a través del tiempo sirvió para calcular los 25,700 años que un ciclo completo de precesión toma en concluir. Durante este largo ciclo la orientación del eje terráqueo también cambia con respecto al sol. Desde el principio de la historia documentada, hace unos 9,000 años cuando los primeros asentamientos fueron establecidos, el eje terráqueo ha completado menos de medio ciclo en su precesión.

Si el sol tuviera una posición fija en frente del sol -sin orbita- el ciclo de precesión por si solo sería la razón del cambio del ángulo solar de un rayo de este emanando de su centro, con respecto a un punto sobre la tierra; resultando en una *declinación secundaria*, de arriba a abajo pasando por el ecuador terrestre. De cada cuarto a cuarto en el ciclo de precesión el eje terráqueo continuamente cambia la dirección en que este apunta con respecto al sol. A un momento el hemisferio norte está expuesto al sol a su máxima latitud sobre la tierra; el eje al norte del ecuador apunta directamente hacia el sol, mientras su parte sur apunta en dirección opuesta al sol. Un cuarto de ciclo más tarde el eje de la tierra apunta perpendicularmente a los rayos solares; su dirección es tangencial a la órbita y los rayos solares caen directamente sobre el ecuador. Después de este punto los rayos solares aumentan en latitud -declinación- en el hemisferio sur, hasta que llegan a su mínima declinación de -23.44°. Mientras el eje terráqueo en el sur ahora apunta hacia el sol, en el norte apunta en dirección opuesta al sol. En la otra mitad del ciclo la misma acción ocurre en reverso; ahora la declinación del sol disminuye hacia el ecuador hasta que llega a 0°, luego cruza sobre este y comienza a aumentar otra vez en dirección hacia el norte hasta alcanzar su máxima declinación, ahora de +23.44°; así completando el ciclo en 25,700 años. Como el periodo de este ciclo es de tanta duración, su efecto en el tiempo durante pocos siglos es casi imperceptible: la dirección en que el eje terráqueo apunta se pude considerar como ser *fija*. La mecánica planetaria involucrada en este proceso resulta en lo que se conoció originalmente como la precesión de los equinoccios, ahora se conoce como *Precesión General;* los puntos donde estos ocurren con respecto a la esfera celestial van moviéndose paulatinamente hacia el oeste a través de los siglos.

De una manera similar a la descrita, pero ahora considerando el eje terráqueo apuntando *en una dirección fija;* mientras la tierra gira en su órbita alrededor del sol completando un ciclo por año, debido a la inclinación del eje los rayos solares cambian su posición sobre la tierra de una máxima a una mínima latitud, cambiando de ángulo de declinación, así causando las estaciones. La inclinación aparentemente fija hace que el sol ilumine perpendicular a la superficie de la tierra por un espacio entre ±23.44º de latitud abajo y arriba del ecuador en un ciclo anual. La posición de la tierra en su órbita alrededor del sol hace que cambie el ángulo de declinación del sol, que es la razón primordial por el cambio de las estaciones durante el año. Esta *declinación primaria* es con la que estamos más familiarizados por el efecto que causa en nuestra vida diaria. La *declinación secundaria*, descrita con anterioridad, recobra su importancia cuando investigamos las posiciones del sol y la luna milenios atrás, como lo hizo Sir N.J. Lockyer cundo trató de encontrar la edad de Stonehenge [1, p.23]. Para obtener una explicación más amplia sobre la mecánica astronómica del planeta, hacemos referencia a videos que se encuentran en Youtube [18]. Debido al ciclo de Precesión General, las estaciones se desplazan de los meses con sus nombres que se les han asignado; los solsticios y los equinoccios ocurren en meses diferentes. Debido a que los calendarios fueron diseñados para reconciliar el desplazamiento de las estaciones con los meses, el solsticio de verano siempre ocurrirá en Junio en el hemisferio norte.

Para encontrar la declinación del sol y la luna en el pasado utilizamos un calculador que se encuentra en línea [3]. Las posiciones geográficas del sol y la luna obtenidas con el calculador con respecto a un sitio arqueológico dado, fueron encontradas en Google©earth Pro. Utilizando las herramientas provistas en el programa encontramos los azimuts de cada uno con respecto a la geometría del lugar o monumento en estudio.

Los conceptos expuestos fueron las bases en que se desarrolló el método para encontrar la edad de monumentos arqueológicos. A continuación detallaremos su desarrollo y aplicación comenzando en Teotihuacán y luego continuando con el sitio arqueológico El Infiernito en villa De Leyva en Colombia. Estos dos sitios arqueológicos aunque son completamente distintos en diseño y ejecución cumplen el mismo propósito y tienen además una asociación de carácter global, la cual se discute en el capítulo Mohenjo Daro en el libro de este mismo título en la versión en Inglés: The Sun & Moon Events the Ancients Witnessed. En ese capítulo se amplía la discusión de los círculos mayores mencionados con anterioridad.

Además de los alineamientos del sol y la luna con las pirámides y la Avenida de los Muertos que habíamos descrito anteriormente, encontramos otros inesperados; *ya hubieran sido estos visibles desde el lugar o no, a la hora cuando ocurrieron* (geométricos vs. visuales). El que estos alineamientos se hayan encontrado cuando el sol y la luna estaban bajo el horizonte, juzgamos podrían ser importantes; podrían, tentativamente, dar sustento a nuestra teoría de un *Diseñó Geométrico Global*, si se pudiera demostrar que la ocurrencia de los alineamientos no fue debida, a los ciclos orbitales que re ocurren normalmente.

Para encontrar el alineamiento preciso del sol durante el solsticio de verano con la Avenida de los Muertos a su azimut de 15.15⁰, usamos el calculador para encontrar la posición del sol durante un periodo de veinte y cuatro horas cada quince minutos. Habíamos reportado que extrapolando, en el pasado en el año 1,800, el sol alineo con la Avenida de los Muertos a 15.15⁰, unos tres minutos antes del mediodía. Igualmente vimos que la posición de la luna el 21 de Junio de 1,800 estuvo localizada hacia el noroeste a latitud 25.76⁰N, longitud 96.99⁰ at las 10:34:33hrs. y desde este punto también hizo un alineamiento con la Avenida de los Muertos a 15.15⁰. A esa latitud la luna no estaba en su lunastício; lo que propició una pregunta: "En qué año, mes, día y hora la luna alcanzo su lunastício Mayor y alineó con la Avenida de los Muertos?" A esta latitud en el año 1,800 la luna estaba 2.76⁰ más baja en declinación que su teorética máxima promedio de ±28.5⁰. Es teorética porque existen variaciones normales debidas a la nutación del eje terráqueo que lo hace variar, la precesión de la órbita y otros factores como la anomalía de orbita. También el tiempo de su evaluación, un factor importante cuando su posición y la del sol se calculan miles de años atrás, debido a la *declinación secundaria* que describimos antes.

Escogimos el año 1,800 accidentalmente, llevados a el por la anécdota del Dr. Parr; esta nos condujo a este año en el cual el sol y la luna transitaban juntos. En ese año calculamos las coordenadas geográficas del sol y de la luna y las marcamos sobre el mapa de la tierra en Google©earth Pro y con las coordenadas de los ápices de las pirámides del sol y de la luna, respectivamente, encontramos el azimut de cada cual, conectando este con una línea hasta su posición geográfica. Empezamos al medio día del 21 de Junio del año 1,800, y marcamos las posiciones cada 100 años en el pasado y quinientos años en el futuro, e incluyendo el año corriente 2015. Encontramos que en el año 1,800 al medio día (12:00)el sol alcanzó una latitud máxima de 23.462⁰N longitud 98.48⁰O, mientras que en el año 2015 a la misma hora el sol alcanzo la latitud de 23.437⁰N y longitud 98.303⁰O; esta última longitud es más cercana a la necesitada para que la posición del sol alineara con la Avenida de los muertos, a longitud 97.73⁰O. Recordemos que en el año 1,800 el sol alcanzo esta longitud unos minutos antes se la doce; 11:56:38hrs. a la misma latitud. En el año 1,000 la latitud máxima alcanzada por el sol fue de 23.366⁰N y en el año 2,500 va a ser aún más baja a latitud 23.292⁰N con longitud 97.738º; sorpresivamente, en esta posición el sol alineará perfectamente con la Avenida de los Muertos a 15.15º.

Este resultado nos indicó que este alineamiento de la Avenida con el sol en el año 2,500 pudo haber sucedido en el pasado a diferentes latitudes y en diferentes años. En una de esas ocasiones previas, conjeturamos, debió ser el año en que el plano de Teotihuacán fue diseñado. Hubiéramos podido exhaustivamente, buscar las posiciones del sol y luna en el pasado, ajustando a cada paso las horas, los minutos y segundos hasta cada vez encontrar el punto en que el sol o la luna hubieran caído precisamente sobre la Avenida; una tarea apabulladora (se puede escribir un programa computacional que haga el numero de iteraciones para encontrar los puntos), pero no se hubiera sabido cuando parar.

Para encontrar el *punto donde parar* utilizando el calculador y Google©earth Pro, marcamos la posición del sol en junio 21, sobre el globo terráqueo cada mil años en el pasado y en el futuro por ±44mil años*. Descubrimos algo que inmediatamente fue obvio; la posición del sol en esa fecha año tras año por miles de años, dibuja sobre la tierra una curva análoga a un analema, la que llamamos Super-Analema. Esta es la grafica de la *declinación secundaria* del sol debido a la precesión del eje terráqueo. Ver Figura 8.

La fecha, Junio 21 al medio día, se mueve a lo largo de la curva debido a la precesión del eje a través de los milenios. Más exactamente el tiempo del año en que los solsticios y los equinoccios ocurren cambia de mes. En el año en que Teotihuacán fue diseñado, la culminación del solsticio de verano ocurrió el 4 de Septiembre, como explicaremos más adelante. El calendario Gregoriano corriente es la última versión del calendario que tuvo cambios datados desde la era neolítica. Los calendarios, por convención, se diseñaron para medir el tiempo y reajustar el *descuadre* de las estaciones y tiempo. El año bisiesto sirve para corregir el descuadre del tiempo en nuestra corta historia documentada. Temprano en la historia, los Egipcios usaban la estrella Thuban (Alfa Draconis) para indicar el norte ya que el eje terráqueo parecía apuntar a esta, las otras giraban a su alrededor. Debido a la precesión, el eje terráqueo ahora apunta hacia la estrella Polar pasando esta por 44'; se ha movido desde Thuban pasando la estrella Polar y continua moviéndose hacia la estrella Vega, a la cual llegará en unos 13,000 años. La moción circular (nutación hace que el círculo parezca un filtro de cafetera) del eje, la precesión, se debe a la inclinación del eje, la rotación y las atracciones que el sol y la luna y en un menor grado ejercen los otros planetas sobre la tierra. El movimiento circular con su balanceo afecta la declinación solar con respecto a la tierra cambiando el tiempo cuando ocurren las estaciones, mientras la tierra gira alrededor del sol 25,700 veces (años) para completar un ciclo de precesión.

La curva generada por la posición del sol a través de los milenios -la Super Analema- es análoga a la analema uno puede crear marcando la posición del sol por un año a la misma hora todos los días.

Figura 3. La gran diferencia entre las dos curvas es que la super analema no es cerrada, después de 30,000 años se mueve adelante empezando a crear otra vuelta.

* No encontramos referencias o datos de la declinación solar milenios atrás como describimos. Tampoco una representación grafica como la utilizaremos para definir la edad de los monumentos. Varios calculadores en línea fueron evaluados, entre los cuales el que se cita [3] fue el único que acepto cualquier fecha, aparentemente sin limites

CAPITULO 4

APLICACIÓN DEL MÉTODO

TEOTIHUACÁN, MÉJICO

Habíamos hecho referencia a un estudio anterior [6] en el que descubrimos el propósito de las líneas de Nazca, lo que nos llevo a aplicar la definición geométrica: una línea trazada sobre una esfera es un arco segmento de su círculo mayor, con el azimut de la línea. Unos de estos círculos mayores encontramos que unen puntos arqueológicos en su paso. Comprobamos esta teoría matemáticamente utilizando un programa en Excel© con el cual entrando las coordenadas, Latitud y Longitud de cualquier lugar sobre la tierra, crea una grafica conectando cada punto. En nuestra prueba, varios de estos resultaron en círculos mayores. La Figura 8 muestra el resultado.

La Avenida de los Muertos es también un arco segmento de un circulo mayor. *El arco tiene una longitud de 2,157mts. que es 18.6 veces más pequeño que la circunferencia de la tierra de 40,030mts.* El ciclo lunar saros es de 18.6 años. Este ciclo fue aparentemente codificado en la longitud de la Avenida de los Muertos, medida desde el ápice de la pirámide de la luna hasta el borde sur oeste del Templo de Quetzalcóatl. Generando un circulo mayor siguiendo la Avenida utilizando el azimut de 15.45º dado por Million, 1973:53, en el lado opuesto de la tierra, este cruza más cerca de Mehrgarh y Mohenjo Daro que uno trazado utilizando nuestra medida de 15.15º. La precisión en esta medida afecta el cálculo de la edad del sitio. En el estudio probamos un rango de medidas del azimut de 14.4912º a 17.395º, lo que resulto en una variación en la edad de 250 años. En este rango hicimos evaluaciones en nueve años diferentes y hasta cuatro meses alrededor de un punto en el protocolo. Utilizando el valor 15.45º trazamos un circulo mayor revisando el anterior, sobre la pirámide de la luna para encontrar las intersecciones de este con la super analema que habíamos desarrollado con anterioridad. Otro círculo mayor fue trazado perpendicular a la Avenida y sobre la pirámide del sol. El resultado se puede apreciar gráficamente en la Figura 9

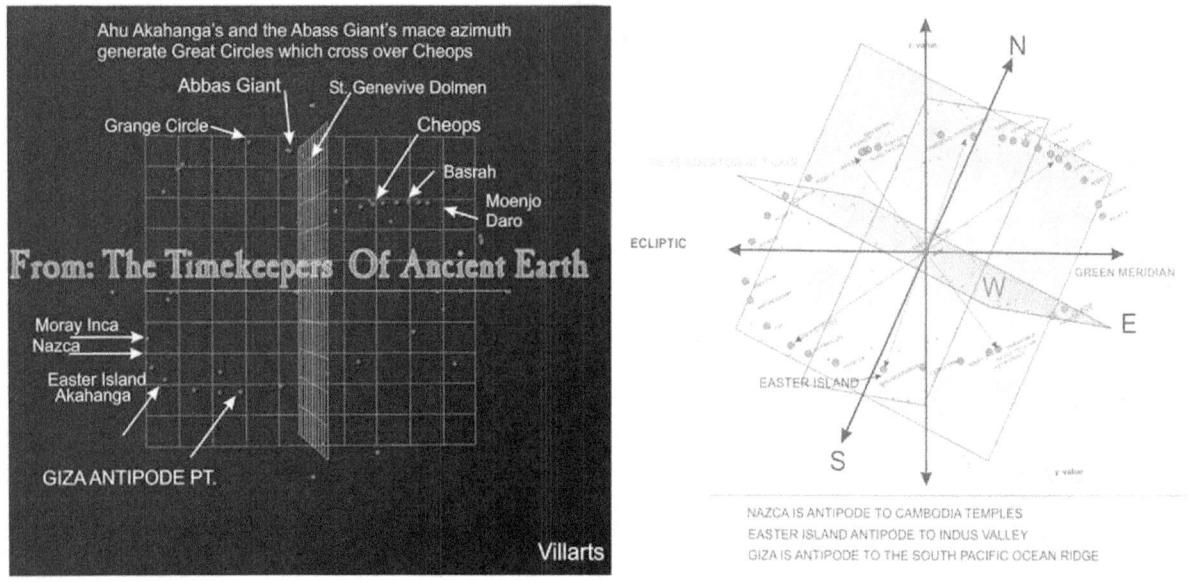

Figura 8. El círculo mayor generado por la dirección del Ahu Akahanga conecta sitios arqueológicos

La Intersección del Circulo Mayor Generado por La Avenida de los Muertos con la Super-Analema Resuelve la Edad del diseño de Teotihuacán

Basados en los resultados anteriores, supusimos que el azimut de la Avenida de los Muertos fue determinado por los azimuts del sol y la luna en una época pasada, cuando sus posiciones en Teotihuacán hubieran tenido una geometría similar a la que se discutió. Los puntos de intersección de la extensión de la Avenida; el circulo mayor, con la Super Analema son las posiciones del sol desde donde este determinó el alineamiento de la Avenida en el pasado. Una vez determinado el año cuando esto ocurrió, la posición de la luna se encuentra utilizando el calculador. La intersección superior con la super analema ocurrirá en el año 2,500 AD como lo habíamos dicho antes. La otra intersección debió ocurrir muchos años antes cuando la inclinación del eje terráqueo apuntaba en una dirección diferente y el sol alcanzaba su mayor declinación a un diferente tiempo del año. La intersección del círculo mayor con la super analema en el suroeste es el *punto donde parar*, a donde hubiéramos querido llegar haciendo las iteraciones que mencionamos antes. De todas maneras, para asegurar la validez del año encontrado hay que probar alrededor de ese punto-año, en particular si no se encuentran ningunos fenómenos de sol y luna que lo ratifiquen, tales como eclipses o lunastícios mayores o menores. También, debido a que no hay acuerdo con respecto al azimut de la Avenida tuvimos que probar un rango de años. Los puntos de intersección se pueden apreciar en la grafica Figura 9. Esta muestra que la intersección en el punto inferior ocurrió el 21 de Junio del año 7210 AEC, lo que significa que Teotihuacán fue diseñado hace 9,225 años. Este resulto siendo el año en que el sol y la luna alinearon en una manera única lo cual debió inducir a los diseñadores a capturarla con el diseño del sitio y con el alineamiento de la Avenida de los Muertos. Los detalles que nos llevaron a dar esta interpretación a los resultados obtenidos la daremos más adelante. También probamos la intercesión del círculo perpendicular a la Avenida y la pirámide del sol. Aunque su intersección hacia el oeste resulto en una edad más contemporánea esta no se pudo justificar; pero este círculo mayor conecta la mayor y menor latitud alcanzada por el sol en ese año. En efecto, geométricamente determina la latitud de la pirámide del sol y de toda la ciudadela sobre el círculo mayor de la Avenida. La curva generada marcando la posición del sol cada día 21 de cada mes al medio día por todo el año 7210AEC, es el analema de la Ecuación del Tiempo para ese año. La curva muestra que la mayor latitud alcanzada por el sol en ese año ocurrió el 4 de Septiembre a latitud 24.637ºN**; el solsticio de verano.

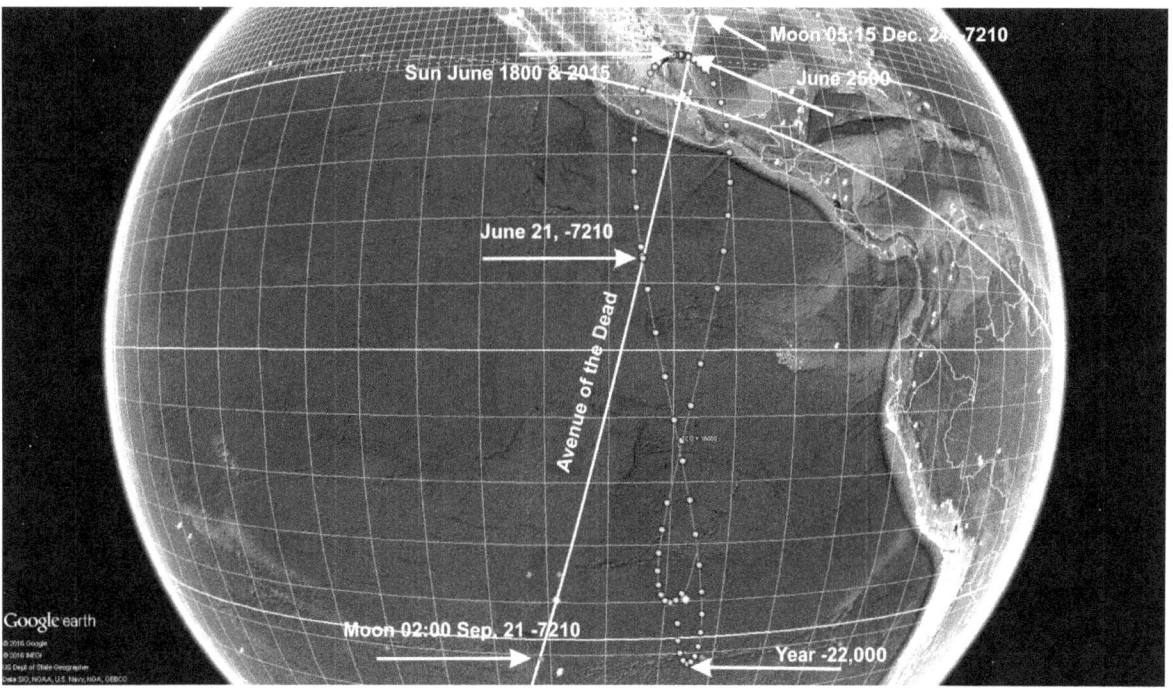

Figura 9. La Super - Analema

Mientras que el solsticio de invierno ocurrió en Febrero a latitud 24.334ºS. Estas latitudes tienen los valores de las latitudes máxima y mínima alcanzadas por el círculo mayor perpendicular a la

Avenida y sobre la pirámide del sol. Al día siguiente el 5 de Septiembre, la luna alcanzo su máxima latitud de 28.337ºN; un lunastício. Como habíamos descrito antes, ese día el sol y la luna transitaron juntos a corta distancia el uno del otro durante el día. Al amanecer ese día a las 5:14:00 y el levante de la luna a las 5:19:00, los azimuts del sol y la luna fueron: 63.4175ºy 59.995º respectivamente.

> **Modelos astronómicos corrientes indican que la inclinación del eje terráqueo " ...llego a un máximo de 24.2º aproximadamente hace 9,500 años, oscilando ±1.3º con un valor promedio de 23.3º" [8]. Estos datos coinciden con el dato de la declinación solar que se encontró en el año que el método indicó que Teotihuacán fue diseñado.

En la mañana del 21 de Septiembre a las 02:00 la posición de la luna era latitud 25.364ºS y longitud 110.8ºO, tenía una elevación de 42.86º y un azimut de194.719º. Este es el azimut de la Avenida de los Muertos en su dirección suroeste. Primero la luna apareció en el suroeste alineando con la Avenida de los muertos enfrentando el noreste en la dirección de la *futura* pirámide de la luna. A las doce en ese día el sol alineó desde el noreste con la Avenida de los Muertos; con una altitud de 86.186º y latitud de 23.356ºN y longitud de 97.749ºO, y un azimut de 15.15º. Tres meses más tarde el 24 de Diciembre a las 05:15hrs. la luna alineó con la pirámide de su nombre y con la Avenida de los Muertos desde el noreste a un azimut de 15.171º durante su lunasticío a una latitud de *28.774ºN**** y su elevación geométrica era de 80.41º.

> ***La máxima latitud que la luna hubiera podido alcanzar el año 7210 AEC es ±29.9º de acuerdo con la referencia [8]

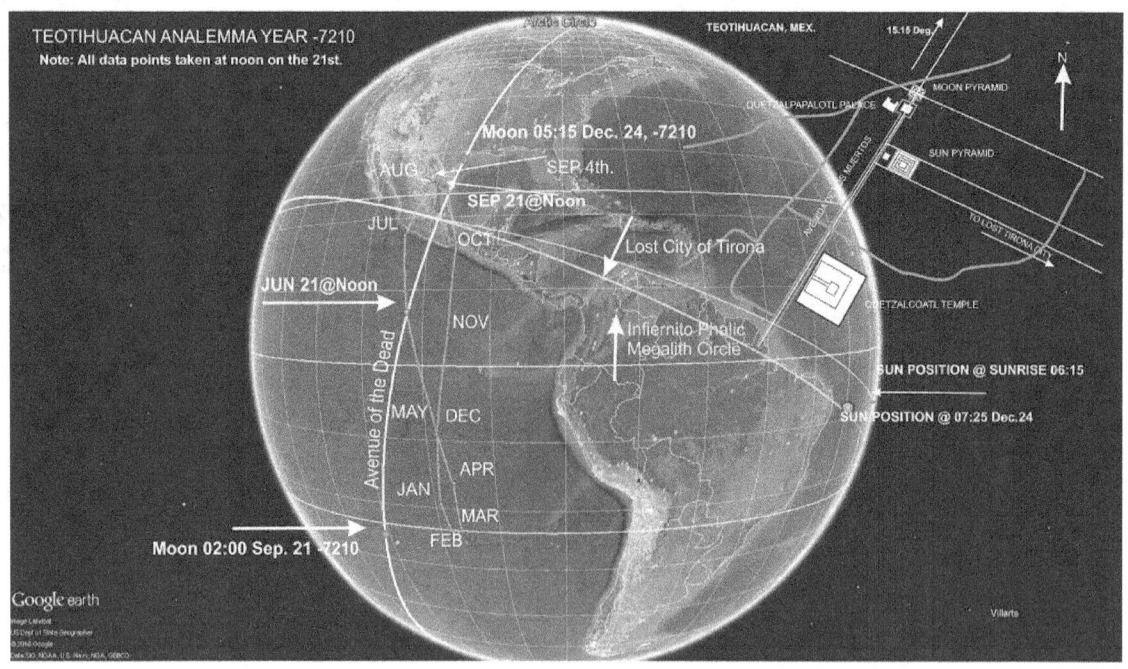

Figura 10. El Analema del año 7210 AEC

El amanecer el 24 de Diciembre fue a las 06:11 con un azimut of de 99.73º. En esa posición el sol también alineo con el Templo de la Máscara de Lamani en Belice, en la península de Yucatán. Este Templo tiene un alineamiento aproximado a 100º. Cerca de una hora más tarde el sol tenía un azimut de 106.21º y posición geográfica de 9.515ºS 28.868ºO. En esta posición y ángulo sus rayos cayeron perpendicularmente sobre las caras surestes de las pirámides; el sol estaba sobre el lado occidental del círculo mayor sobre la pirámide del sol. En alineamiento con el sol en esta posición hay varios sitios arqueológicos en las Américas: La ciudad perdida de Tayrona en Colombia, El Caracol en Belice, las pirámides de La Venta y Pomoná en Tabásco, Méjico. Estos monumentos reciben el sol a este ángulo.

Los círculos mayores sobre las pirámides de la luna y el Sol en Teotihuacán se ven en las Figuras 9 y 10.

La figura 10 muestra la analema del año 7210 AEC, el inserto muestra el plano de Teotihuacán.

La búsqueda por otros alineamientos durante el año resulto en el encontrar un eclipse de luna total que ocurrió el 26 de Enero. A media noche el eclipse alcanzó su máxima ocultación sobre Teotihuacán, Ver la Figura 11 y la Tabla 2. La luna estaba localizada con latitud 20.317ºN y longitud 97.228ºO con un azimut of de 67.0º; las coordenadas geográficas de Teotihuacán son 19.69ºN and 98.84ºO y el azimut de la diagonal NE/SO es 65.6º. Segundos más tarde cuando la luna alcanzó este azimut, estaba situada catorce kilómetros directamente al sur de las pirámides de El Tajín; este monumento está situado a 175km al noreste de Teotihuacán. El monumento *Juego de Pelota* en el Tajín está alineado de norte a sur. La máxima ocultación umbral duro una hora y cuarenta minutos. La duración total desde el primer contacto hasta el último duro cuatro horas y veinte y ocho minutos. Los resultados hasta el momento indican que el año 7210AEC casi con certeza se puede considerar el año de su diseño.

Desde el punto de vista de diseño, nada de esto explica el plano general del lugar o las posiciones de las pirámides en él; la Pirámide de la Luna tiene una posición predominante, y la Pirámide Del Sol está al lado este de la Avenida de los Muertos; las dos pirámides no comparten el eje de simetría. Para encontrar los alineamientos descritos que se muestran en las graficas, las posiciones del sol y la luna se calcularon mensualmente por el periodo de Enero a Octubre. La Tabla 2 muestra el segmento de los datos de interés; el eclipse de Enero 26, el lunastício y Luna Nueva del 5 de Septiembre de año 7210AEC

Los datos dados además de proveer evidencia que prueba la utilidad del método para encontrar la edad de monumentos, a su vez también dan soporte a la hipótesis con respecto al propósito de sus diseños. También se pudo discernir un patrón de las posiciones del sol y la luna que se podría esperar cuando ambos cuerpos celestes se encuentran a una mínima distancia angular entre ellos; la Luna Nueva en este caso.

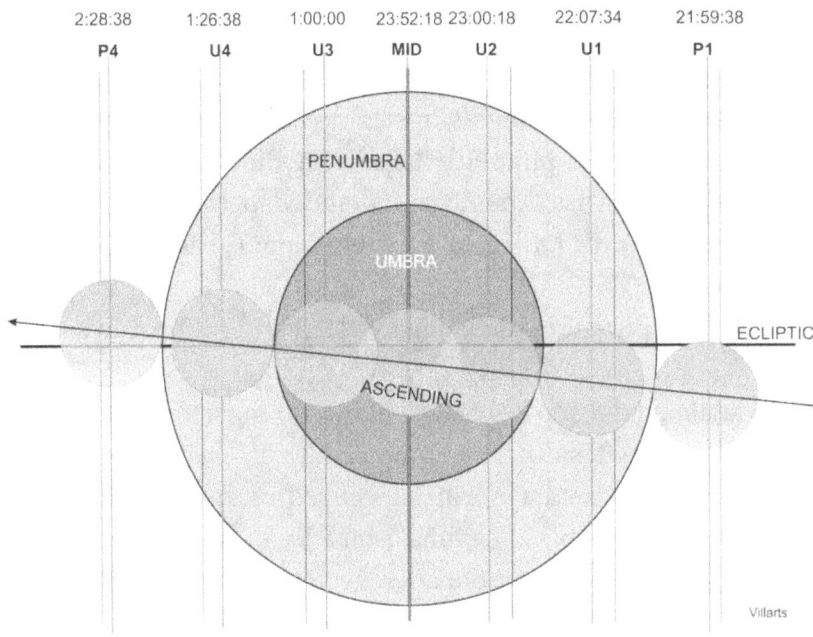

Figura 11. Grafica a escala del eclipse total de luna de Sep. 5 del año 7210AEC

Cuando las posiciones del sol y la luna se marcan en el mapa de Teotihuacán en Google© earth, hacia el medio día se puede ver que la luna va atrasada unos veinte minutos con respecto al sol, en llegar a la longitud necesaria para que esta alinee con la Avenida de los Muertos. La luna se mueve a una velocidad de unos 1,022km/hr. y el sol a 1,668km/hr in dirección opuesta. Hay un momento en que se cruzan en su camino; sus azimuts son idénticos con respecto a un punto sobre la tierra o calculados desde el centro de la tierra; medidas, topo céntrica y geocéntrica respectivamente. A ese punto un eclipse solar puede ocurrir, si sus elevaciones son idénticas con respecto al punto de referencia que se haya escogido. Como las orbitas de la tierra y la luna están en diferentes planos que se cruzan a un ángulo promedio de 5.14°, el eclipse solar no ocurre cada vez que se cruzan. Nuestro interés fue el definir si en el 5 de Septiembre de 7210AEC hubo luna nueva y o eclipse de sol y si se cruzaron ese día en donde sucedió con respecto a Teotihuacán. O técnicamente a qué momento en la órbita terrestre el sol y la luna tuvieron la misma longitud de eclíptica, 0° de diferencia. Finalmente, cómo el evento podría ser relacionado con el diseño de Teotihuacán?

Las coordenadas geográficas de la pirámide de la luna fueron utilizadas para calcular sus posiciones, ya que esta fue dedicada a la luna. Como lo acabamos de mencionar para que la luna nueva ocurra la diferencia en azimut entre el sol y la luna debe ser mínima; pero como se representaría esto con monumentos ?

			SUN DATA						MOON DATA									
SUN PYRAMID COORDINATES HOUR. LAT. LON				TEOTIHUACAN					MOON PYRAMID COORDINATES LAT. LON -									
6:35:22 AM	19.6924	98.843911 W		MOEHNJO DARO COORDINATES	27.3252 S	68.1345 E			19.899687N	98.843911 W								
YEAR	-7210		SUN DATA						MOON DATA									
DATE		HOUR	AZIMUTH	S Longitud	ELEVATION	RA	DECLINATION	longitude	HOUR	AZIMUTH	ECLLAT.	ELEVATION	RA	DECLINATION	Longitude	c. Longitud	e long diff	DEC. DIFF	Az. DIFF	Elv DIFF	RA DIF
PENUMBRA P1		21:59:38	261.1099	296.5790	-48.0850	234.0200	-20.3620	125.9070	21:59:38	82.3910	-0.2400	48.8370	52.3630	19.7120	-55.0590	54.9090	181.6700	40.0740	178.7189	96.9700	181.6570
UMBRA U1		22:07:34	263.6970	296.6250	-63.9500	234.0680	-20.3770	108.9070	22:07:34	84.8080	-0.1750	64.4290	53.0680	19.9530	-71.6950	55.6120	181.0130	40.5260	178.9890	128.5790	181.0000
UMBRA U2		23:00:18	264.6244	296.6600	-76.8010	234.1040	-20.3820	95.7250	23:00:18	85.6770	-0.1250	76.5260	53.6170	20.1370	-84.5380	56.1570	180.5030	40.5190	178.9474	152.8270	180.4870
MID TOTAL ECLIPSE	26-Jan	23:52:18	264.9956	296.6950	-88.3690	234.1410	-20.3900	82.7260	23:52:18	67.0020	-0.0750	88.9540	54.1590	20.3170	-97.2280	56.6950	180.0000	40.7070	173.3936	176.7230	179.9820
		23:52:55	242.3087	296.6980	-88.5020	234.1410	-20.3900	82.5710	23:52:55	65.1490	-0.0740	88.4860	54.1660	20.3190	97.3780	56.7010	179.9950	40.7090	277.1597	176.9680	179.9750
UMBRAU3	27-Jan	1:00:00	95.6431	296.7410	-75.5630	234.1880	-20.4010	65.8010	1:00:00	276.0770	-0.0100	75.9570	54.8690	20.6500	113.7770	37.3938	179.3400	40.9530	180.6384	151.5200	179.3200
UMBRA U4		1:06:58	95.7865	296.7590	-69.3340	234.2070	-20.4060	59.1430	1:06:58	276.3820	0.0150	69.8680	55.1470	20.6400	-120.2820	57.6710	179.5880	41.0480	180.6155	139.1920	179.0800
PENUMBRA P4		2:28:38	97.7760	296.8010	-54.8520	234.2500	-20.4180	43.6440	2:28:38	278.3180	0.0750	53.7320	55.7990	20.8500	135.4060	38.1130	178.4880	41.2860	180.5400	110.5640	178.4310
5-Sep		0:10:00	4.7730		-5.5800		24.6580	77.4800	0:10:00	8.4170		-42.7200	28.0630	75.8540			3.4250	1.6440	2.8200	
		0:40:00	14.2632		-44.3590		24.6330	69.9830	0:40:00	14.6680		-41.4660	28.0850	68.8230			3.4520	0.4048	2.8930	
AVENUE ALIGNMENT		0:42:51	15.1356	91.0780	-44.1890	91.1860	24.6350	69.2700	0:42:51	15.4300	3.4490	-41.3070	90.0710	27.3480	69.2700	89.3430	1.2360	2.7130	0.2964	2.8820	1.3150
		0:50:15	17.3702		-43.7020		24.6330	67.4210	0:50:15	17.3740		-40.8500	28.0920	66.4210			3.4590	0.0038	2.8720	
TOPO NEW MOON		0:50:20	17.3951	91.0830	-43.6960	91.1920	24.6330	67.4000	0:50:20	17.3980	3.4540	-40.8250	90.1930	27.3550	66.4010	99.9210	1.1620	3.7220	0.0029	2.8710	0.9990
GEO NEW MOON		0:50:20	17.3951		-43.6980	91.1920	24.6330	67.4000	0:50:20	17.3980		-40.8320	90.1930	28.0920	66.4010			3.4590	0.0029	2.8640	0.9990
		2:48:55	45.4369	91.1870	-28.7820	91.2840	24.6320	37.7660	2:48:55	42.4990	3.5370	-27.9000	91.9230	28.1690	38.5900	91.1670	0.0000	3.8370	2.8979	1.4820	0.0370
SUNRISE		5:14:00	63.4175		-0.7650	91.3970	24.6310	1.5090	5:14:00	59.5130		-1.7640	94.1170	28.2470	4.2280			3.6160	3.9045	0.9980	2.7200
		11:49:30	15.5867		84.6900		24.6280	-97.3290	11:49:30	37.2690		78.7360		28.3370	-91.1000			3.7090	21.6823	6.1830	
		11:49:41	15.1384		84.6900		24.6280	-97.3750	11:49:41	37.1160		78.7610		28.3370	-91.1550			3.7090	21.9778	6.1190	
5-Sep	NOON	12:00:00	348.6485		84.8590		24.6280	-99.9530	12:00:00	20.1260		80.0240		28.3370	-93.6640			3.7090	38.8125	4.9350	
		12:09:52	326.2875		84.0060		24.6280	-102.5180	12:09:52	15.5520		80.9520		28.3970	-96.0640			3.7090	49.4843	3.1540	

TOTAL LUNAR ECLIPSE AND NEW MOON AT TEOTIHUACAN AND MOHENJO DARO

Tabla 2. Eclipse Total de Luna Sobre Teotihuacán y la Luna Nueva en Sep.5 de 7210AEC

Para definir si algunos de estos fenómenos ocurrieron, calculamos las posiciones del sol y la luna cada hora por veinticuatro horas. Determinamos que evidentemente el 5 de Septiembre de 7210AEC el sol y la luna tuvieron el mismo azimut con respecto a Teotihuacán de 17.396° (diff.0.00095°), a las 00:50:20 hora de Teotihuacán, en el lado opuesto del planeta, dos grados al oeste de Mohenjo Daro! En ese momento las posiciones del sol y de la luna eran dos puntos en un círculo mayor a tal azimut que este cruzaba sobre la pirámide de la luna. El valor de este azimut de 17° fue tal vez la razón por la cual alinearon un grupo de monumentos a este ángulo, como lo reportó Aveni, existen en Mesoamérica. Unos siete minutos antes el sol tenía un azimut de 15.1356° y la luna de 15.428°, una diferencia angular de *0.29238° y diferencia de elevación de 2.889°*. Acercándose a la luna nueva el sol y la luna tenían el mismo azimut que la Avenida de los Muertos...(de la luna muerta!). La luna nueva no brilla, está muerta, de tal manera que tal vez sea este el origen del nombre de la Avenida. Las posiciones medidas desde Teotihuacán hubieran causado un eclipse empezando en el otro lado de la tierra sobre Mohenjo Daro; pero allá la luna y el sol estaban al norte y al sur de la ciudad respectivamente con una diferencia en declinación de 3°, apenas se acercaban a la luna nueva. Esta sucedió a las 2:48:55, el sol y la luna continuaron juntos su paseo sideral, aunque no se pudieron ver en Teotihuacán sino hasta el amanecer a las 5:14:00hrs. El sol salió primero seguido por la luna. A las 11:49:41 el sol estaba sobre la Avenida de los Muertos con latitud 24.628°N y longitud 97.375°O y con azimut 15.13838°, luego la luna alcanzó un alineamiento similar con azimut 15.55° sobre la Avenida a las 12:09:52. Estos datos demuestran que la Avenida de los muertos, el eje de simetría de la ciudadela fue diseñado para que se dirigiera hacia el principio de la luna nueva; de tal manera su nombre debería cambiarse a; *La Avenida de La Luna Muerta; matada por el sol o simplemente obscurecida por este sobre el firmamento.* Varias conjeturas se encuentran en la literatura en cuanto al origen de su nombre; esta nueva interpretación debería corregir las otras. Incidentalmente, el nombre Mohenjo Daro fue traducido por Gregory L. Possehl como; El Montículo del Hombre Muerto [19], tal vez debería haber sido Luna Muerta?

Los eventos que se acaban de describir confirman el año en que Teotihuacán fue diseñado: también da validez a l método y a las otras teorías. Aun más, nuestro análisis muestra que la geometría de la posición de las pirámides es una réplica exacta de la posición que tuvieron el sol y de la luna en Mohenjo Daro durante la luna nueva. Para comprobar esto, dibujamos un triangulo recto sobre las pirámides en Teotihuacán; la hipotenusa conecta los ápices de las pirámides, la adyacente es perpendicular a la Avenida de los muertos y el lado opuesto esta sobre la Avenida desde el ápice de la pirámide de la luna hasta su intersección con el lado adyacente. De una manera similar, conectamos las posiciones del sol y de la luna con una línea y cada una de estas con la Estupa en Mohenjo Daro; resultando también en un triangulo recto. Estos dos triángulos son geométricamente similares. Siguiendo la grafica de la Figura 13; medimos los lados de los dos triángulos dibujados con líneas punteadas y se calcularon sus proporciones. Las proporciones del triangulo en Teotihuacán son: 1: 3,09: 3,25 y las del triangulo en Mohenjo Daro; 1: 2,89: 3,1. Estos triángulos comparten un lado: la Avenida de los muertos. La hipotenusa en Mohenjo Daro se convierte en el lado opuesto en Teotihuacán.

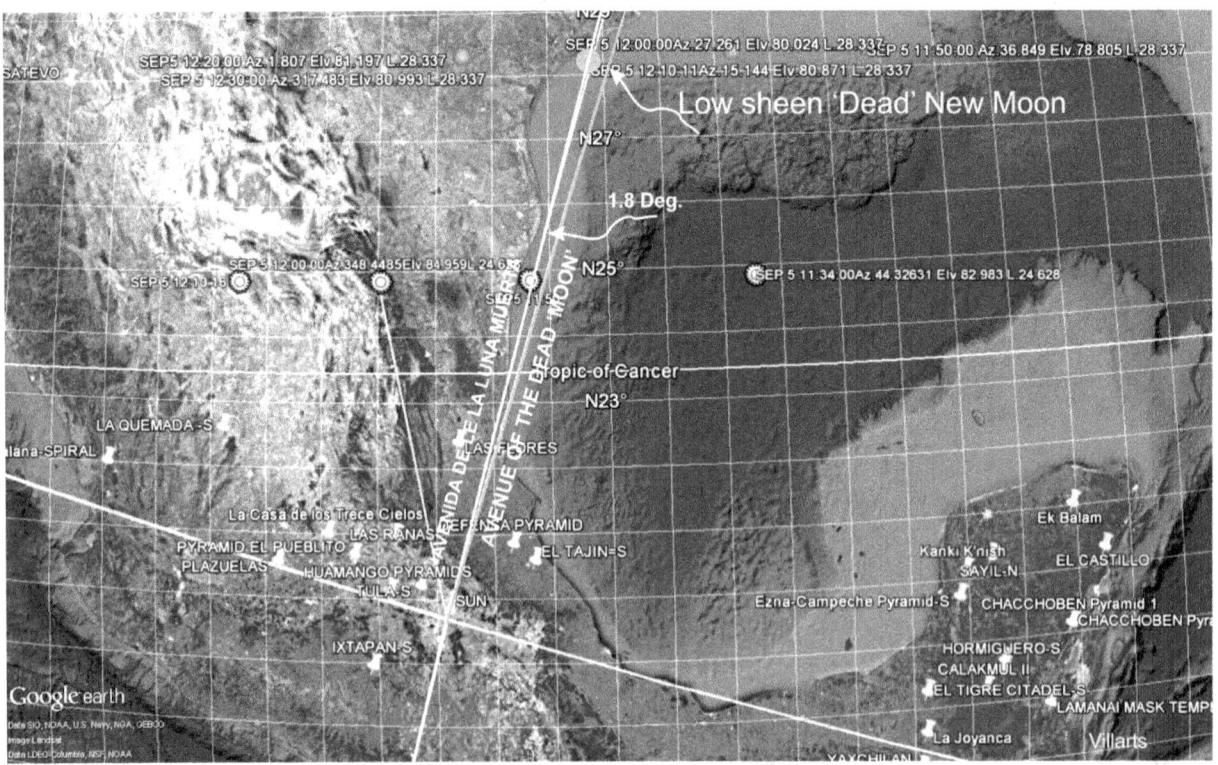

Figura 12. Posiciones del Sol y la Luna en La Luna Nueva sobre Teotihuacán el 5 de Septiembre de 7210 AEC

Esto ocurrió porque durante el día el sol y la luna se van separando lentamente, la diferencia en tiempo que tenían en Mohenjo daro, representado por la diferencia en sus azimuts de 15.15° y 17.4° era de aproximadamente nueve minutos, en once horas llegó a casi veinte minutos de diferencia. Este análisis nos explica porque la pirámide del sol está a un lado del eje de simetría y las distancias y ángulo entre ellas, tanto como la posición de la pirámide de la luna más hacia el norte; la luna está a mayor latitud.

Aun queda la pregunta por qué los diseñadores no usaron el ángulo de 17°? Podemos especular que las medidas fueron tomadas en Mohenjo Daro las que hubieran sido fáciles de obtener en el valle. El punto del cruce, de igual longitud eclíptica, ocurrió sobre la cadena de montañas de Sulaiman, como se muestra en el mapa. En Teotihuacán la diferencia en ángulo es de casi dos grados, lo que no se habría podido considerar en el diseño. El círculo mayor perpendicular a la avenida y sobre la pirámide del sol, el cual contiene la información de los solsticios en el año 7210 AEC hubiera estado errado por los dos grados de diferencia en azimut. En cambio, mantuvieron esa información en los otros monumentos alineados a 17°.

Figura 13. Las posiciones del sol y de la luna en Mohenjo Daro están reflejadas en el diseño de Teotihuacán.

El Lunastício mayor de 7207 AEC

La alta latitud de la luna durante su lunastício (28.774°N) del 21 Septiembre de 7210 EC, señalo que esta estaba cerca de su ciclo de 18.6 años y por lo tanto alcanzaría un lunastício Mayor dentro de poco tiempo. Tres años más tarde el 26 de Octubre de 7207AEC un lunastício mayor tuvo lugar. En ese día a las 8:00hrs. la luna estaba alineada con la Avenida de los Muertos con un azimut de1 5.075° con una declinación geocéntrica de 29.729°N y con una longitud de 95.684°O. Ver la Tabla 3.

En los años en que los lunastícios mayores o menores ocurren, cuando la luna cruza el ecuador, el cruce coincide con ambos equinoccios; el vernal y el de otoño. Debido a estas condiciones hay una gran probabilidad de producirse alineamientos resultando en eclipses, si la luna esta cerca de uno de los nodos; lo que puede suceder por lo menos dos veces durante el año. En el año 7207AEC dos eclipses ocurrieron. El 21 de Mayo un eclipse umbral parcial, el cual no se pudo ver en Teotihuacán pero fue visto en Mohenjo Daro. Ver Figura 15. La luna estaba sobre el Océano Indico a 184° al suroeste de la Estupa. Al comienzo de la fase umbral del eclipse la luna alineo a 15.15° con la Avenida de los Muertos en Teotihuacán; alineó de la misma manera que había ocurrido tres años antes. Pero, esta vez el sol estaba al lado opuesto de la tierra sobre el Océano Pacífico con un azimut de 195.675°, en esta posición, simultáneamente ambos alinearon con la Avenida de los muertos, con la luna en dirección noreste y el sol hacia el suroeste.

El 4 de Junio, el día antes del equinoccio de verano hubo un eclipse de sol parcial de magnitud .5. El eclipse duró 50 minutos desde su primer hasta su último contacto. Ver la Figura 16.

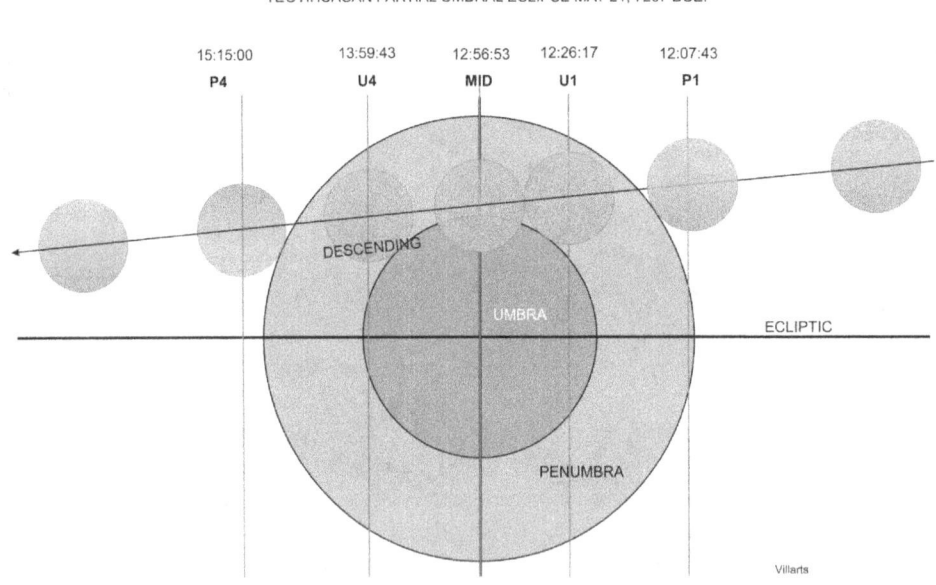

Figura 15. Eclipse umbral parcial en Mohenjo Daro; no se vió en Teotihuacán

El segundo lunastício mayor del año ocurrió el 26 de Octubre, el solsticio de verano había ocurrido el 3 de Septiembre. Este *lunastício mayor* en el norte alcanzo una latitud de 29.729°N, una latitud un poco mayor al anterior en el sur el cual llego a 29.709°S. *El momento cuando la luna alcanzo su máxima latitud norte su azimut con respecto a Teotihuacán fue de 15.075°, el azimut de la Avenida de los Muertos, con una altitud de 79.4º.* Este lunastício mayor nos contesto la pregunta que nos habíamos hecho, anteriormente cuando descubrimos que la luna alineaba con la Avenida durante el lunastício: "En qué año, mes, día y hora la luna alcanzó su lunastício Mayor y alineó con la Avenida de los Muertos?" La Tabla 3 muestra los datos de los eclipses y del lunastício mayor.

Todo esto demuestra que hay una conexión entre el diseño de Teotihuacán y las posiciones del sol y la luna en varios tiempos cuando ambos alcanzaron sus máximas latitudes y con Mohenjo Daro. El cual se re afirmara en los capítulos siguientes. Los resultados derivados de esa conexión se pueden ver en los alineamientos repetidos s desde sus posiciones astronómicas, algunos de los cuales fueron alineamientos con fenómenos como los eclipses que se detallaron. Los resultados no solamente demuestran las bases en que fue basado el diseño del plano y la posición de las pirámides y su alineamiento geográfico a

15.15º, pero dan una base matemática a la viabilidad del *Método Para Estimar La Edad De Monumentos Arqueológicos.* Todo lo descrito ocurrió en el año en que el método indicó el sitio fue diseñado.

La combinación de todos los resultados presentados sirve como base para el análisis del plano total del sitio. Al principio dijimos: "este representa el sistema planetario". Reconocemos que la edad del sitio dada por el método y el análisis gráfico que a continuación presentaremos, representan una visión totalmente contraria a todo lo que se ha escrito, o que conocemos, con relación a la edad de Teotihuacán y las varias teorías con respecto a las culturas que pudieron haber vivido en su alrededor, en relación a la construcción de este monumento. La totalidad de los resultados presentados y la teoría de una *Civilización Avanzada*, ofrecen una base para una explicación *alterna o paralela* a la explicación ya discutida.

Una Explicación Alterna O Paralela: Información Gráfica y Geometría Es Todo Lo Que Se Necesita

Comenzamos con una descripción del plano general. En el sitio hay tres pirámides; de norte a sur: La de la Luna, La del Sol y la del Templo al Dios Quetzalcóatl. Las pirámides del sol y de la luna están colocadas *relativamente* cerca la una de la otra, mientras que la de Quetzalcóatl esta muchísimo más lejos y es substancialmente más pequeña. Si cambiamos el nombre de la pirámide del sol a *Pirámide de la Tierra* y la pirámide de Quetzalcóatl a *Pirámide del Sol*, el plano de las tres pirámides es ahora una representación de la Luna moviéndose detrás de la *Tierra* hacia un eclipse, o gráficamente como fue explícitamente diseñado, la posición de Luna es de Luna Nueva. Este análisis es soportado con los datos y la discusión anterior. La información gráfica inherente en la geometría del plano también lo justifica. La distancia relativa entre las pirámides da soporte a esta idea; el tamaño exageradamente pequeño de la pirámide en el Templo, la nueva *pirámide del sol,*

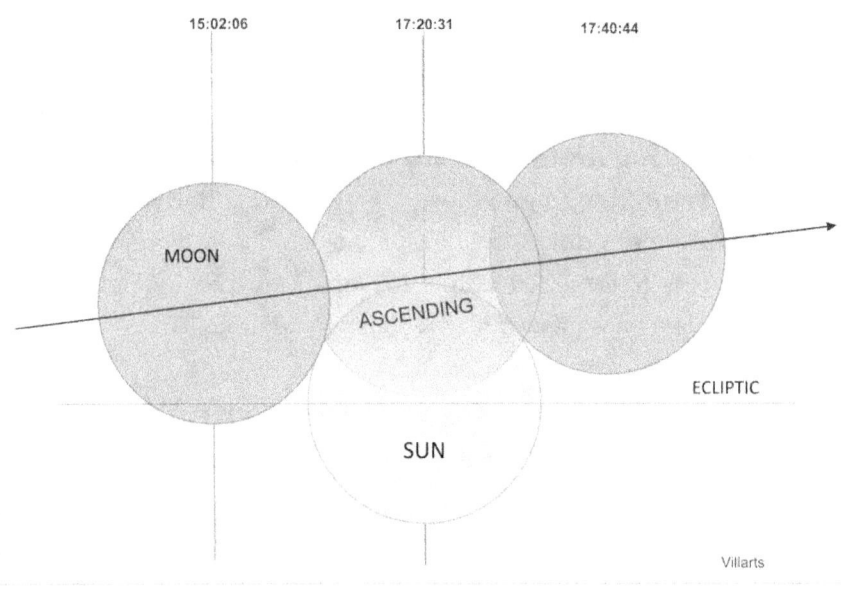

Figura 16.Eclipse Solar Parcial de Magnitud .5

6:35:22 19.6924 -98.844

												MOON DATA									
YEAR -7207	DATE	HOUR	AZIMUTH	S LONG	ELEVATIO	RA	DECLINA	longitude	HOUR	AZIMUTH	ECL.LAT	RA	ELEVATIO	DECLINA	Longitude	E. LONG	e.long diff	DEC. DIFF	Az. DIFF.	Elv. Diff	RA Dif.
FULL MOON	23-Jan 14:13:03		221.976	233.655	38.675	231.01	-19.62	132.508	14:13:03	39.742	4.066	49.849	-35.762	23.54	46.86	53.655	180	43.16	182.234	74.437	181.161
FULL MOON	22-Feb 5:05:38		109.501	262.216	-20.666	261.448	-22.907	5.589	5:05:38	294.763	4.965	81.095	20.544	-29.682	175.727	82.216	180	6.775	185.262	41.21	180.353
	23-Mar 17:26:33		244.758	290.291	1.75	292.134	-23.017	178.045	17:26:33	60.322	4.557	112.941	-1.21	-29.636	3.739	110.291	180	6.619	184.436	2.96	179.193
MAJOR STANDSTILL	4-Apr 5:00:00		105.121	301.16	-22.732	303.633	-20.9	8.774	5:00:00	123.444	-5.072	269.474	2.791	**-29.709**	-24.361	269.541	31.6190	8.8090	18.3233	25.5230	34.1590
	22-Apr 3:46:09		95.5001	318.148	-37.863	320.848	-16.149	26.259	3:46:09	278.83	3.018	141.878	38.648	19.003	153.488	138.148	180.000	35.152	183.330	76.511	178.970
	8:58:53		115.294	345.93	38.902	347.166	-5.817	-45.012	8:58:53	298.319	0.92	165.508	-40.136	7.553	123.864	163.721	182.209	13.370	183.026	79.038	181.658
	11:56:53		179.01	346.048	64.528	347.275	-5.769	-98.415	11:56:53	359.493	0.759	167.073	-64.051	6.689	81.379	165.491	180.557	12.458	180.483	128.579	180.202
AT ZENITH	11:58:36		180.003	346.049	64.532	347.276	-5.768	-98.845	11:58:36	0.421	0.758	167.092	-64.06	6.681	80.971	165.508	180.541	12.449	179.582	128.592	180.184
	12:07:43		185.265	346.055	64.436	347.281	-5.766	-101.13	12:07:43	5.346	0.75	167.169	-64.000	6.636	78.802	165.599	180.456	12.402	179.919	128.436	180.112
AVENUE ALIGNMENT	12:26:17		**195.675**	346.068	63.643	347.29	-5.761	**-105.77**	12:26:17	**15.153**	0.733	167.331	-63.345	6.546	74.384	165.783	180.285	12.307	180.522	126.988	179.959
PART UMBRAL ECLIPSE	21-May 12:56:53		210.866	346.088	60.785	347.311	-5.752	-113.42	12:56:53	29.726	0.705	167.6	-60.847	6.397	67.101	166.088	180.000	12.149	181.140	121.632	179.711
	13:59:43		223.709	347.065	51.195	347.348	-5.736	-128.63	13:59:43	50.802	0.65	168.134	-52.146	6.099	52.608	166.693	180.372	11.835	172.907	103.341	179.214
	15:15:00		247.39	346.18	35.422	347.396	-5.715	147.959	15:15:00	66.527	0.58	168.811	-37.442	5.721	34.152	167.463	178.717	11.436	180.863	72.864	178.585
	16:58:53		259.234	346.247	12.443	347.458	-5.688	-173.44	16:58:53	78.826	0.487	169.704	-15.654	5.22	9.704	168.479	177.768	10.908	180.408	28.097	177.754
FIRST CONTACT	4-Jun 12:40:35		212.112	359.51	66.857	359.554	-0.204	-110.9	12:40:35	214.521	0.421	358.391	65.825	-0.275	-112.26	358.422	1.0880	0.0710	2.4091	1.0320	1.1630
	14:29:13		247.349	359.582	46.746	359.62	-0.174	-138.07	14:29:13	248.112	0.506	359.197	45.924	0.189	-139.04	-0.652	0.2340	0.3630	0.7634	0.8220	0.4230
MID SOLAR ECLIPSE	14:47:00		252.176	359.602	40.165	359.638	-0.166	-145.52	14:47:00	252.869	0.53	359.418	39.478	0.316	-146.37	-0.398	0.0000	0.4820	0.6934	0.6870	0.2200
	15:19:18		254.933	359.616	35.606	359.651	-0.16	-150.57	15:19:18	255.606	0.546	359.567	35.018	0.402	-151.34	-0.226	0.1580	0.5620	0.6726	0.5880	0.0840
VERNAL EQUINOX	5-Jun 0:53:39		39.1966	360	-65.212	360	**0.000**	65.791	14:04:55	27.98	0.993	3.816	-65.162	2.84	69.78	4.651	4.6512	2.8400	11.2166	0.0500	356.1838
SUMMER SOLSTICE	3-Sep 7:00:00		70.6576	89.582	22.442	89.54	**24.637**	-25.219	7:00:00	62.778	4.376	108.437	6.054	27.928	5.347	106.275	16.6930	3.2910	7.8796	16.3880	18.8970
MAJOR STANDSTILL	26-Oct 8:00:36		84.4881	143.97	29.631	146.53	14.194	-35.66		**15.075**	5.131	86.506	79.412	**29.729**	95.684	86.908	57.0620	15.5350	69.4131	49.7810	60.0240
MOON@NODE@EOX	29-Nov 13:40:00		232.272	178.839	60.402	178.945	0.484	121.839	13:40:00	237.344	-1.032	175.444	57.486	0.952	125.752	175.462	3.3770	0.4680	5.0717	2.9160	3.5010
NEW MOON	29-Nov 19:50:07		279.835	179.101	-24.509	179.183	-24.509	144.864	19:50:07	278.801	-1.357	178.618	-26.377	-0.859	143.473	179.101	0.0000	23.6500	1.0338	1.8680	0.5650
AUTUMNAL EQUINOX	30-Nov 17:15:00		265.489	179.999	12.393	179.999	3.9E-05	-175.67	17:15:00	254.931	-2.434	189.699	17.823	-7.088	-166.83	191.747	11.7480	7.0880	10.5584	5.4300	9.7000

TEOTIHUACAN YEAR 7207 BCE MAY 21 & JUNE 4 ECLIPSES AND MAJOR LUNAR STANDSTILLS

Tabla 3. Eclipse Parcial Solar del 5 de Junio, después del Lunastício Mayor del 4 de Abril, ano 7207AEC

implica una gran distancia y también que esta y la *Pirámide de la Tierra* están en el mismo eje de simetría: la eclíptica. La órbita de la luna esta inclinada con respecto a la eclíptica, de tal manera la pirámide está colocada a un lado del eje de simetría sol/tierra a un ángulo, el cual se midió resultando en 5°; este es el ángulo promedio de la inclinación de su órbita [11]; los eclipses ocurren cuando esta llega a su máxima inclinación de 5.3°, luego la Luna Nueva es indicada. Ver Figura 17. Ahora, mirando al Templo de Quetzalcóatl, vemos que el área total de este es numérica y visualmente más grande que la base de la pirámide del sol (corriente); 154,557mts^2 vs. 54,680 mts^2. Su plano nos da una representación gráfica de distancia y tamaño. En frente del Templo, lejos de la pirámide de Quetzalcóatl hay cuatro pirámides truncadas pequeñas y otras tres similares a estas detrás de la pirámide, pero mucho más cerca a esta que las otras. Interpretamos que las cuatro primeras representan los planetas externos: Júpiter, Saturno, Urano y Neptuno. Las otras tres Figura

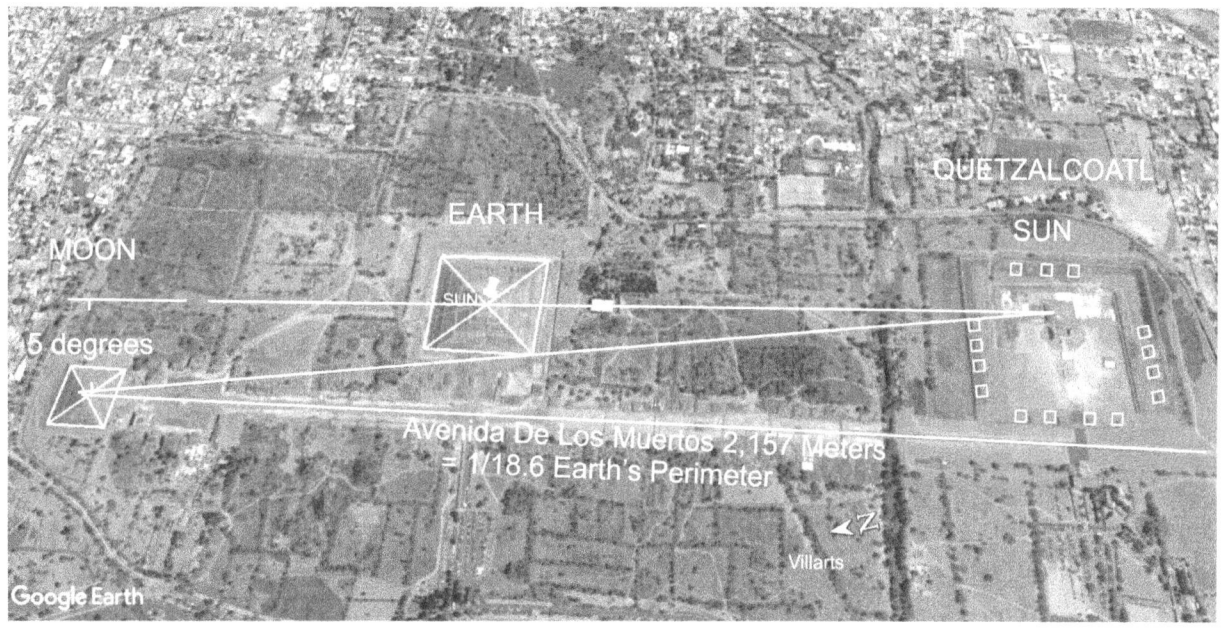

17. El Plano De La Ciudadela De Teotihuacán Es Un Plano Del Sistema Planetario

Pirámides, más cercanas al sol, representan los planetas internos: Mercurio, Venus y Marte. La Tierra y la Luna ya están obviamente representadas. Además de estas hay otras cuatro pirámides pequeñas en cada lado del templo. Estas creemos representan los dos equinoccios y los dos solsticios. Las cuatro restantes representan las cuatro estaciones, todas pareadas a través del campo; Equinoccio Primaveral con Primavera, Solsticio de Verano con Verano, Equinoccio de Otoño con Otoño, Solsticio Invernal con Invierno; los que resultan de las configuraciones astronómicas del sol con la tierra. Nótese en la gráfica que todas estas pirámides pequeñas están *alrededor* de la pirámide más grande en el centro, insinuando las orbitas.

Ahora analizando desde otro punto de vista; las leyendas y el folklor le atribuyen a la serpiente emplumada Quetzalcóatl atributos de divinidad como se le dan al sol en varias culturas. En la cultura Azteca el plumaje es asociado con el aire y el viento, pero también con la re encarnación de varios Dioses [23]. Como se explicó con anterioridad, el Templo al Dios Quetzalcóatl en Chichén Itzá, se ilumina por el sol durante el equinoccio de manera especial. El sol crea una sombra de arriba a abajo que parece con forma de serpiente, debido a las esquinas de las terrazas de la pirámide, que hacen la sombra a lo largo de las escaleras del lado norte. Al pie de las escaleras de cada lado está la cabeza gigantesca esculpida en piedra de la serpiente; la cabeza del Dios Quetzalcóatl! El templo celebra un fenómeno solar bajando del espacio a tiempo cuando su luz cae balanceadamente sobre la tierra: El equinoccio. El Dios Quetzalcóatl es el sol. La pirámide que tradicionalmente se conoce como, *del sol,* es la tierra que lo recibe; tanto como todo lo que se deriva de él, incluyendo los fenómenos astronómicos descritos.

Será que todo lo que hemos descrito es una prueba más de la teoría (de muchos escritores e investigadores) que existió un a civilización técnicamente avanzada en la tierra o que hubo una intervención por exploradores de la tierra que visitaron en el pasado? Los Aztecas o sus antepasados pudieron haber presenciado el diseño y construcción de estos monumentos. Ahora, casi con certeza, podemos decir que esos ingenieros tuvieron la capacidad de volar. Los antepasados a los Aztecas presenciaron despegues y aterrizajes, lo que se pudo haber consagrado en el nombre: "El Lugar Donde Los Hombres Se Convierten en Dioses": Teotihuacán en su lengua Nahuatl!

DISCUCIÓN

Los resultados que se presentaron sobresalen, no solamente contra todo lo que se ha escrito sobre Teotihuacán, pero también contra todo lo que conocemos de nuestra historia. A un principio dudamos si las posiciones del sol y la luna en la antigüedad que encontramos fueran erradas lo que harían los resultados igualmente errados. El calculador en línea que usamos, sabíamos que nunca había sido comprobado para hacer cálculos con fechas antes del siglo 20. Pero, nuestras pruebas alrededor de las fechas dadas por este se confirmaron con la ocurrencia de los varios fenómenos del sol y la luna que se encontraron. La geometría de las posiciones físicas del sol, la luna y la tierra se encontró reflejada en la geometría de los monumentos en el año en que el método indicó los alineamientos fueron diseñados; lo que no hubiera sido posible ocurriera por casualidad. La fecha en que los eclipses ocurrieron se comprobó con el *Cannon* publicado de las *estaciones de eclipses* [11]. El número de ciclos Saros de eclipses en el *Cannon* se calculó en retroceso y se comparó con los eclipses que se encontraron, los que coincidieron. Los datos que se han presentado hasta este punto no son casos aislados; la investigación continuo en sitios arqueológicos conocidos, donde encontramos resultados similares: El Infiernito en Colombia, Mohenjo Daro en Pakistán, Machu Picchu en Perú, las Pirámides de Giza en Egipto, el Templo de Kalasasaya en Bolivia, Stonehenge en el Reino Unido y Tifariti en el Sahara Occidental. En todos estos sitios se acumularon datos similares de alineamientos de eclipses y lunasticíos, que ocurrieron en las fechas indicadas de sus diseños o contemporáneos a estos. Algo significativo que se encontró al nivel global es, las fechas de sus diseños son mucho más antiguas a las reconocidas corrientemente. Hay algunos investigadores, Arthur Posnaski, entre ellos, quien dató a Kalasasaya entre 10 a 15 mil años en 1929. Estos investigadores desde un principio sugirieron y sugieren que la datación corriente está en duda, una gran polémica existe al respecto. En el capitulo siguiente presentamos los resultados y análisis del estudio en El Infiernito, Colombia.

CAPITULO 5

OBSERVATORIO SOLAR EL INFIERNITO,
VILLA DE LEYVA, COLOMBIA

Este lugar arqueológico es un círculo megalítico o posiblemente de forma espiral. Como espiral puede ser una clase como se muestra en la Figura 13, que es muy común en la altiplanicie de Nazca. Este sitio tiene la peculiaridad de haber sido diseñado con megalitos tallados en forma fálica. El megalito mayor está en su centro y mide aproximadamente tres metros de alto. Datación del lugar con Carbón 14 indica que este puede tener desde 2,500 a 2,880 años AEC [20][21]. Utilizando la metodología desarrollada en este estudio, el monumento aparentemente es muchísimo más antiguo con una edad posible entre 8,460 a 7,495 AEC, una diferencia en tiempo de unos 52 ciclos saros. Los alineamientos que se encontraron sugieren un cambio de nombre a *Observatorio Solar y Lunar*; la disposición de los megalitos refleja las posiciones del sol y la luna en la antigüedad, este estudio revela. Esta distinción es importante y la demostraremos; presentaremos datos astronómicos que demuestran que alineamientos con las posiciones del sol y la una fueron marcadas con los megalitos, en esos años y en el año 8082AEC. En ese año el sol y la luna alcanzaros su mayor latitud simultáneamente. Durante el solsticio de verano del 14 de Septiembre, el sol llegó hasta la latitud de 24.658°N y la luna a latitud 29.718°N, este fue el segundo *lunastício mayor* del año. El alineamiento con este lunastício fue marcado con los menhires: M-26, M-27, M-7, M-9, el Dolmen, M-36, M-22 y M-23 (nuestra nomenclatura, ya que no encontramos otra). La dirección del lunastício se indica con una línea hacia el NE con un azimut de 12.5°. El primer *lunasticio mayor* de ese año ocurrió doce horas antes del equinoccio de verano del 12 de Junio con una latitud de 29.8040°S, la posición de la luna fue marcada con el dolmen y el menhir M-15; la línea dirigida hacia él SE. Ambos lunastícios aparecen en la Figura 13.

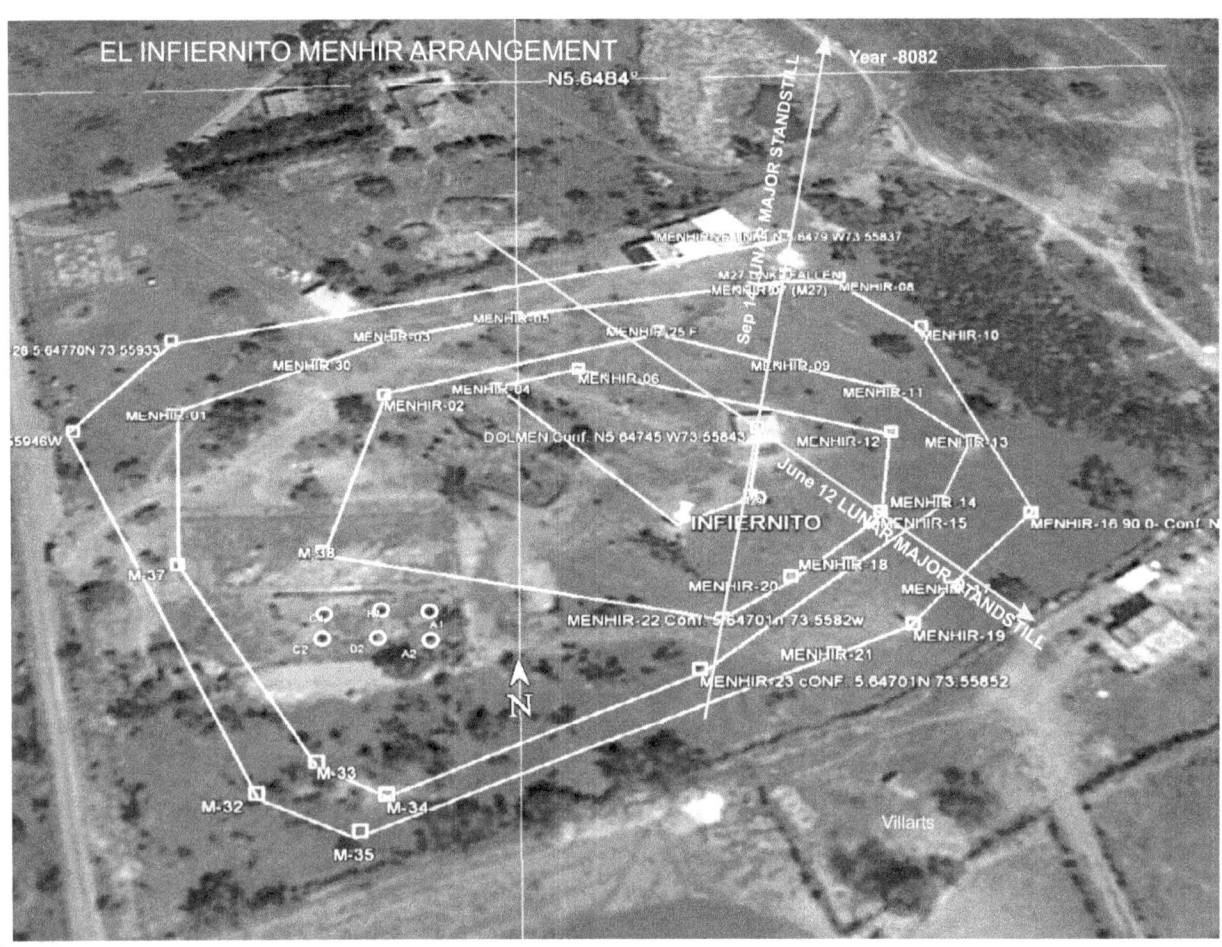

Figura 13. Los megalitos Fálicos en El Infiernito en uno de las configuraciones en espiral posibles.

Incidentalmente, durante el estudio encontramos una posible explicación para una leyenda local. Al NE de este sitio casi en la cima de la montaña a unos 3,800 metros 12,500pies sobre el nivel del mar se encuentra la Laguna de Iguáque. Este es el lago donde la leyenda cuenta fue el origen de la población Muisca: "después de que la luna brillo sobre sus aguas la Diosa Bachué salió de sus aguas con un bebé en sus brazos, con quien más tarde se casó." En el análisis mostraremos como la luna llena, el primer día de Diciembre, seis días antes del equinoccio de otoño, brillo precisamente sobre la laguna a un azimut de 71° marcado en el valle en El Infiernito desde el menhir central M-24 con el Menhir M-13.

Este sitio tradicionalmente ha sido llamado Observatorio Solar debido a sus dos filas de menhires pequeños que parecen estar alineadas con el sol durante los equinoccios, como se muestra en la Figura 14. Una explicación poética por el antropólogo Eliécer Silva Célis aparece en una cartelera al lado del megalito mayor:

OBSERVATORIO SOLAR

"El rectángulo comprendido entre las dos filas de columnas, ubicado en dirección oriente a occidente, constituyo posiblemente un campo sagrado destinado a recibir el Sol en su aparición en el Horizonte, como para seguirlo y observarlo en su movimiento hasta la posición en el cenit, fenómeno que los sabios Muiscas determinaron por medio de pilares erguidos a cielo abierto, con el fin de registrar las sombras que marcaban sobre el piso los solsticios y los equinoccios. Estos eventos astronómicos debieron ser celebrados con rituales espirituales relacionados con la fertilidad y fecundidad".

Ver figura 14. Fotografía tomada por el autor Mayo 2016.

Figura 14. Muestra las posiciones del megalito mayor y la fila de columnas alineadas este a oeste.

Como se demostrará en este estudio, la creencia que los diseñadores de monumentos como este hubieren deseado *capturar* con sus diseños fenómenos astronómicos comunes, es tal vez un poco desacertada. El propósito que se les asigna a monumentos como este o con otros diseños, en particular esos cuyo planeamiento y construcción requirieron cantidades *astronómicas* de recursos, humanos, de conocimiento, planeamiento y capital para ser ejecutados, es cuestionable. El capturar fenómenos astronómicos raros que intrínsecamente reflejan las posiciones del sol, la luna y la tierra en el momento en que ocurrieron, de otra manera justificarían el despilfarro.

Nosotros explicamos el tema fálico de los menhires, el que se encuentra en muchos lugares alrededor del mundo, como un mensaje que podría interpretarse así: Nosotros los autores de estos monumentos somos *humanos,* nada diferentes a ustedes física y biológicamente. Incidentalmente existen un gran número de monumentos cuyas entradas tienen carácter vaginal en sus diseños; la entrada a la Pirámide de Kafre o el Dolmen de Newgrange son ejemplos, aquí en El Infiernito el dolmen tiene su entrada a nivel bajo tierra, está dirigida hacia el sur y es protegida por dos filas de megalitos fálicos. Mas adelante mostraremos como su cavidad interna es alumbrada por la luna en ciertos momentos. Figuras antropomórficas también se encuentran en todo el territorio Andino en forma de entradas trapezoidales ventanas y fuentes tal como El Baño de la Princesa en Ollantaytambo, si dejar de mencionar los cientos de estelas que muestran órganos sexuales humanos de machos y hembras. Estos se encuentran en todas las Américas y en San Agustín, Colombia; el cual es uno de los sitios más prominentes con más de 600 estelas. También se conocen cuevas que son iluminadas naturalmente de manera obvia o sugerida. En El Infiernito, llamado así por los exploradores Españoles católicos, quizás horrorizados al ver más de cuarenta miembros erectos. Creemos que el megalito fálico central y el Dolmen pueden representar el sol y la luna, macho y hembra respectivamente.

Dejando a un lado la interpretación que se les dé, lo que es realmente notable es la manera en que los cruces del sol y de la luna fueron capturados en el posicionamiento de los menhires fálicos. Las posiciones del sol y de la luna durante esos eventos se pueden calcular físicamente y demostraremos esos parámetros están reflejados en sus posiciones. Entre los fenómenos que se encontraron durante el estudio se cuentan eclipses solares y de luna, la luna nueva y llena; entre los años 8460 AEC y 7495AEC los que se discutirán en detalle. El explorador Alexander Von Humboldt, nacido en Prusia, geógrafo y naturista (1769-1859) fue tal vez el primero en sugerir que la colocación de los menhires refleja alineamientos con el sol y la luna [21].

Antes de iniciar el estudio en El Infiernito numeramos los megalitos fálicos que forman el *anillo,* originalmente de uno a veinticuatro, puesto que no encontramos ninguna otra nomenclatura. En Junio del 2016 visitamos el parque para confirmar la posición de los 24 megalitos y añadimos diez y siete mas, los cuales no son claramente visibles con Google© earth, en particular aquellos que se han caído. Durante nuestra visita encontramos objeción de la administración a que hiciéramos mediciones sin aprobación previa de la Universidad Pedagógica. Aparentemente los estudios son controlados por la universidad. Al final pudimos confirmar la posición de cada megalito utilizando SPG, Sistema de Posicionamiento Global.

El parque arqueológico consiste de cuatro grupos de configuraciones megalíticas: el conjunto más grande contiene más de cuarenta un megalitos fálicos. Hay otros más que están enterrados o son mucho más pequeños, esos no fueron catalogados. Estos forman el *anillo* o *espiral* grande. El megalito central, cuya importancia la habíamos confirmado en una publicación anterior, forma parte de un grupo global de megalitos tallados con forma fálica; el más grande de los cuales se encuentra en la China cerca de Nigxia y está ubicado exactamente en el mismo meridiano que este, el Mangui Tungi que se encuentra en Mandane , India y el Tevifaara en Tahiti, entre otros. La segunda configuración lítica se encuentra en frente de la entrada al dolmen. Este consiste en dos filas de cuatro columnas de más o menos un metro de altas, separadas aproximadamente la misma distancia. La cavidad interior del dolmen se encuentra a 30º y veinticinco metros de distancia con referencia al megalito central. Las filas de columnas están orientadas perfectamente al sur a 180º. El posicionamiento del megalito central y el dolmen forman un triangulo recto de 30º/60º/90º. El dolmen y sus pilares se muestran en la Figura 15

Figura 15 – Entrada del Dolmen con sus pilares alineados a 180º hacia el Sur

El tercer grupo de megalitos se encuentra a unos treinta y cinco metros al oeste del megalito central. Esta configuración consiste de dos filas de columnas de corte no refinado. La primera fila hacia el norte consiste de aproximadamente cuarenta columnas pequeñas de unos 30 a 40 cm. y en cada extremo una columna de aproximadamente un metro. La fila del centro tiene de 49 a 51 columnas.

La mitad de ellas son de aproximadamente un metro de altas y el resto de 30cm aproximadamente. Estas aparentan haber sido rotas, aunque observamos que puede haber una razón para su menor tamaño. No vimos suficientes pedazos alrededor que justificaran el haber sido rotas. El señor Silva Celis quien tomó parte en la excavación de 1981 relata que el contó de 54 a 55 columnas en cada hilera. El también hace distinción entre la primera y segunda hilera, el arguye que la segunda aparenta tener más edad: "dos periodos arquitectónicos" [20}. Esta observación parece la podemos confirmar con nuestros datos. La segunda fila se puede ver en la fotografía por el autor, Figura 14. Inmediatamente hacia el sur de la fila central hay otros seis u ocho megalitos sin cortar alineados en dos líneas de tres, mas una cantidad de otras piedras que pueden o no haber pertenecido a estas líneas. Las seis u ocho de mayor tamaño fueron identificadas y se marcaron con letras y números. El señor Silva Celis da más detalles en cuanto él cree que haya sido el propósito del sitio.

"7. Por medio de los alineamientos de los monolitos con puntos naturales tales como la Laguna de Iguáque, los sacerdotes Chibcha (Muiscas) seguramente calculaban eventos astronómicos y fenómenos incluyendo eclipses" [20]

En un estudio anterior [9] habiamos determinadao que el sitio del parque es un punto sobre un circulo mayor de la tierra generado por la posicion y azimut (51.89°) del Ahu Tu'U Tahai en la isla de Pascua. Este círculo mayor está compuesto de trece sitios arqueologicos alrededor del mundo; varios de ellos hacia el sur de Colombia, el Menhir de Fohet en Francia, y no coincidelcialmente, la ciudad antigua de Mehrgarh en Pakistán; que a su vez también se encuentra en el circulo mayor generado por la Avenida De Los Muertos en Teotihuacán, el que se discutió con anterioridad. En El Infiernito este círculo mayor esta en alineamiento entre el menhir central M-24 y el M-10. El segmento del circulo mayor Tu'u Tahi aparece en la Figura 16, tanto como la localización de El Infiernito en el hemisferio. El punto antípoda de El Infiernito se encuentra en las islas de Kepulauan Seribu en Indonesia. l circulo mayor que conecta a El Infiernito con Mohenjo Daro, atraviesa la Isla de Sumatra a lo largo, pasa por el sitio arqueológico Aur duri, que es parecido a El Infiernito, y en la Isla de Java por la capital Jakarta.

LA EDAD DE EL INFIERNITO

De la misma manera como en Teotihuacán, iniciamos el estudio generando una Super Analema centrada en la posición del megalito central. El segmento de esta, relevante al estudio aparece en la Figura 15. Para encontrar la edad del diseño del sitio arqueológico buscamos la intercesión del circulo mayor con la super analema en dirección sureste, el que corresponde con la posición del sol el día Junio 21 del año 8460AEC. Los otros alineamientos que posiblemente indiquen su edad, alinean con los puntos cardinales, los cuales están explícitamente marcados en el lugar. De Este a Oeste con las líneas de menhires y de Norte a Sur con los menhires M-24 y M-25. El menhir M-25 esta caído pero su tamaño se estimo es un poco menor al central M-24. El norte se estimó esta a su pie en el lado opuesto a la talla fálica. Extendiendo una línea hacia el norte entre los menhires M-24 y M-25 cruza el analema en tiempos modernos. La línea hacia el este cruza en el futuro y hacia el sur en el año 12500 AEC, la cual se estudiará en el futuro. El alineamiento hacia el oeste resulto en el año 7495AEC. La Figura 15 muestra los puntos de intersección con la super analema que resultaron en los años 8460AEC y 7495AEC.

EL AÑO 8460 AEC

El año 8460 AEC fue un ejemplar de fenómenos astronómicos: dos eclipses solares y dos de luna ocurrieron. Eclipses múltiples son comunes en los años en que la luna alcanza su lunaticio, mayor o menor. Un eclipse parcial de sol ocurrió el 31 de Marzo, dos semanas después de la culminación del solsticio de invierno el 12 de Marzo. El sol y la luna transitaban juntos cerca del Trópico de Capricornio; el eclipse sucedió cuando el sol y la luna tenían latitudes 23.57°S y 23.64°S respectivamente. Las posiciones del sol y la luna se muestran en la grafica con respecto al menhir central M-24. El eclipse se siguió desde su comienzo desde el amanecer a las 6:12:00 horas; la luna salió primero a aproximadamente dos grados sobre el sol y ambos con un azimut casi idéntico. El primer contacto al inicio de eclipse parcial fue a las 8:00:00horas, su alineamiento a ese instante esta marcado con los menhires M-24 y M-18. Su máxima ocultación ocurrió a las 9:36:16 horas con un alineamiento con los menhires M-24 y M-19 y el eclipse parcial se acabo a las 11:20:56 horas y fue marcado con los menhires M-24 y M-20. Figuras 17 y 18.

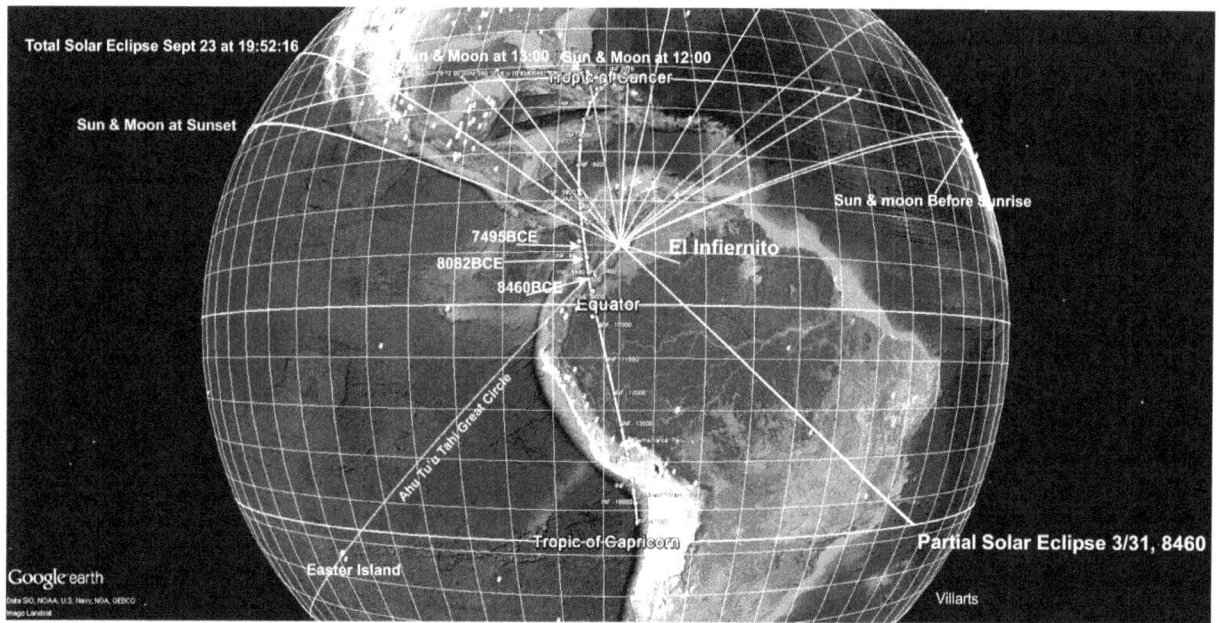

Figura16.- Eclipse Parcial de sol 3.31 y Eclipse Total de Sol 9.23 año 8460AEC

Al mes siguiente el 14 de Abril cuando la luna estaba llena un eclipse parcial de luna tuvo lugar, el cual comenzó media hora antes que la luna se ocultara minutos antes del amanecer, fue casi invisible en este lugar. El sol, la tierra y la luna alinearon a 181.67º con una diferencia de elevación al momento que la luna caía de 0.38º. El comienzo del eclipse parcial fue marcado cuando la luna estaba a 292ºNO y alineaba con los menhires M-01, M-24, M-18 y M-17 en la dirección del sol al amanecer de 110º.

El 29 de Abril a tiempo de luna nueva, el sol y la luna alinearon minutos antes de de la caída del sol pero el eclipse no ocurrió, aún la posición de la luna nueva fue marcada con los menhires, sin cortar, de la tercera línea: El sol alineó con los menhires A1 y D2 hacia el SO a 246º y en línea con el central M-24, la luna con los menhires B1 y D2. Los datos aparecen en la Tabla 4. Este alineamiento es importante porque volvió a ocurrir veinte ciclos saros más adelante el 4 de Junio del año 8082 AEC; un eclipse total de luna sucedió y fue marcado con el menhir central M-24 y la fila de menhires central, de acuerdo con los datos que se presentan. Creemos que este eclipse determinó el alineamiento de la fila central tanto como la distancia igual entre pilares. Esta es la fila más antigua como la describió Silva Celis. Mas detalle y datos se presentan más tarde bajo el subtitulo Año 8082AEC. La descripción del lugar por Silva Celis citada antes con respecto a su propósito astronómico, suponemos fue basado en observaciones empíricas. Aun en el año 8460 AEC, durante el equinoccio a algún momento el sol *visualmente* alinea a 90º con las dos filas de menhires. El equinoccio de verano el 15 de Junio de ese año parece corroborar la creencia común que esas dos líneas fueron colocadas de este a oeste para marcar el equinoccio al amanecer.   En ese día el sol cruzo el Ecuador a la 1:17 horas con un azimut de 76º con respecto al menhir central a una altitud bajo el horizonte de El Infiernito (que se encuentra en un valle detrás de una pantalla de montañas de unos 3,800mts. (12,500 pies) de altura- Ver Figura 13. Al momento del amanecer geométrico con una elevación de -0.855º y su azimut aproximado al de las filas de menhires a 89.84º

Corrigiendo para sobrepasar la altura de la montaña, ocho minutos más tarde, el sol alcanzo una elevación de 1.1º con un azimut de 90.03º. Con anterioridad habíamos argumentado que el trabajo necesario para colocar menhires para que alineen con el equinoccio, un evento que se repite todos los años, sería un ejercicio sin razón; el cual acabamos de demonstrar ha ocurrido por miles de años. En cambio demostraremos que el alineamiento este a oeste de la fila central, junto con el menhir central , siguen un eclipse total en el año 8082AEC. El erguir megalitos para marcar las fases de un eclipse total, un evento bastante raro creemos justificaría el trabajo ampliamente. La precisión conque los pilares fueron plantados es demostrable, estos muestran el ciclo completo de los movimientos del sol y de la luna y la tierra hasta que el alineamiento perfecto ocurre resultando en un eclipse total de sol. La habilidad de ejecutar estos proyectos implica el haber existido una alta tecnología.

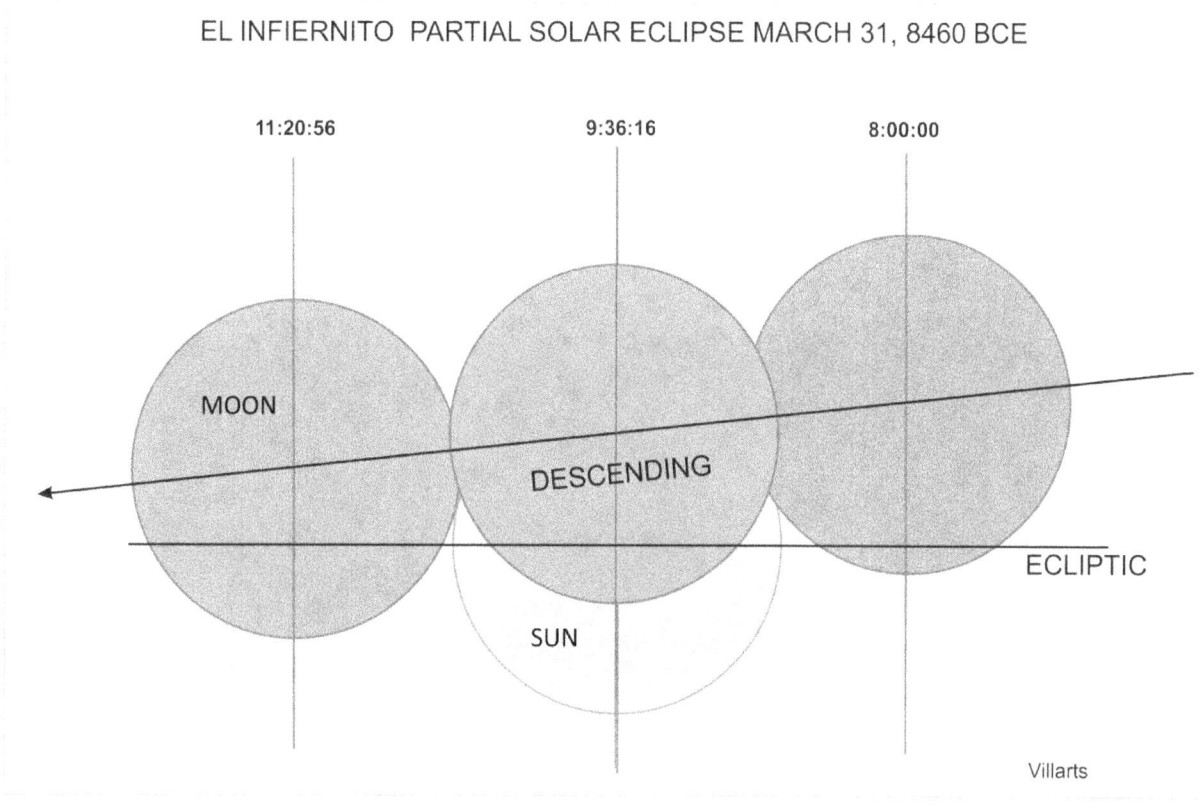

EL INFIERNITO PARTIAL SOLAR ECLIPSE MARCH 31, 8460 BCE

Figura 17 - Eclipse solar parcial Marzo 31, 8460 AEC

Antes de acabar la discusión de este evento terminaremos con los eventos del año 8460AEC. Traemos al caso otro eclipse solar que ocurrió diez días después del solsticio de verano en Septiembre 12. El eclipse tuvo lugar el 23 de Septiembre, fue un eclipse parcial que únicamente su aproximación fue visible al atardecer en El Infiernito cuando el sol aun estaba a 3.2° de elevación sobre el horizonte. El ocaso llegó diez y ocho minutos más tarde a las 18::18:12horas. El eclipse tuvo su ocultación máxima sobre el Océano Pacifico a una longitud 167.529°E, en el momento el sol y la luna tenían declinaciones de   24.257°N y 23.973°N respectivamente. Sus posiciones se ilustran en las Figuras 16 y 18; las líneas apuntando hacia el noroeste. Los datos aparecen en la Tabla 4

AÑO 8280 AEC

Antes de continuar con los eventos astronómicos de este año, hacemos un paréntesis para discutir un evento astronómico compartido entre El Infiernito y Mohenjo Daro. Esta ciudad es una de las

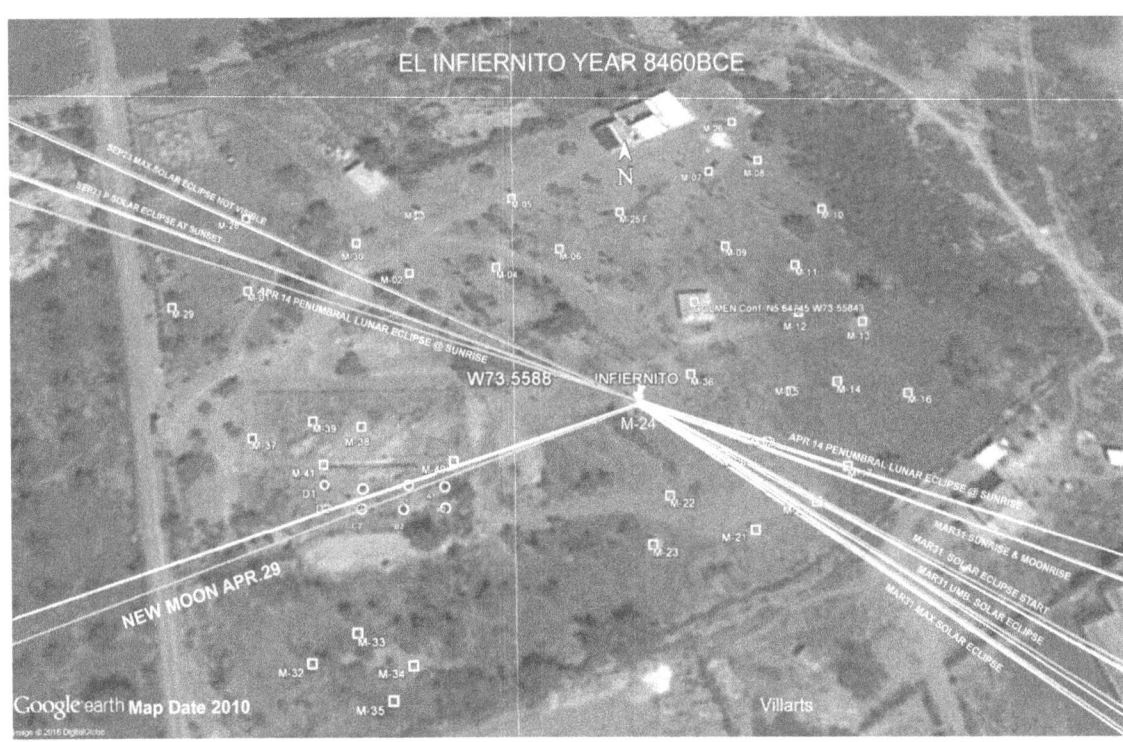

Figura 18 - Eclipses de Marzo 31, Luna Llena de Abril 29 y eclipse solar de Septiembre 23, 8460AEC

más antiguas de la tierra y queda a corta distancia al sur de la ciudad de Mehrgarh, la cual está en el circulo mayor mencionado con anterioridad, el circulo también pasa a unos 25 km. de esta ciudad. El método revela que el año 8280ACE fue el año en que Mohenjo Daro fue diseñada. Los eventos astronómicos de esa ciudad serán discutidos en otro capítulo en la versión en Ingles, pero aquí precisamos traer al caso este muy importante. El 17 de Julio de 8280ACE un eclipse solar parcial ocurrió en Mohenjo Daro en la tarde antes de la caída del sol. A ese momento el eclipse se pudo ver en El Infiernito, eran la 11:09:11 horas. Ver datos en Tabla 5

En El Infiernito la posición del sol a ese momento fue marcada *incidentalmente?* con el alineamiento del menhir central con el menhir M-10 que es el mismo alineamiento del circulo mayor que comienza en La Isla De Pascua en el Ahu Tu'U Tahai y conecta El Infiernito con la ciudad de Mehrgarh, la cual está a 235 km al norte de Mohenjo Daro. La posición de la luna fue marcada con los menhires; M-24, M-34 y M-35. Sorpresivamente, 198 años más tarde un eclipse total de luna ocurrió el 4 de Junio del año 8082AEC el cual mencionamos con anterioridad, el cual ocurrió al sur de Mohenjo Daro fue registrado en El Infiernito aunque no se pudo ver allá. Este se describe a seguir.

	YEAR		SUN DATA						MOON DATA											
	-8460	DATE	HOUR	AZIMUTH	S.Long	ELEVATION	RA	Declination	longitude	HOUR	AZIMUTH	Ecl.Lat	ELEVATION	t-RA	Declination	Longitude	Ecl. Long	e.long diff	Decl. DIFF	Az. DIFF	Elv. Diff	RA Diff
WINTER SOLSTICE	12-Mar		12:00:00	179.0368	269.734	59.548	269.707	-24.8	-73.021	12:00:00	66.1130	-4.7130	-43.3360	46.1200	13.0380	63.3920	46.7420	222.9920	37.8380	112.9238	102.8840	223.5870
SUNRISE	31-Mar		6:12:00	113.6182	287.468	-0.853	289.119	-23.585	14.902	6:12:00	113.5700	0.5070	0.1100	288.0810	-23.4400	13.8640	285.5900	1.8780	0.1450	0.0482	0.9630	1.0380
			7:00:00	115.1963	287.5	10.028	289.153	-23.581	2.904	7:00:00	115.2180	0.4640	10.5790	288.5570	-23.5010	-2.3070	286.0580	1.4420	0.0800	0.0217	0.5510	0.5960
PARTIAL START			8:00:00	118.7152	287.539	23.351	289.196	-23.576	-12.095	8:00:00	118.7360	0.4100	23.4400	289.0960	-23.5690	-12.1950	286.6440	0.8950	0.0070	0.0208	0.0890	0.1000
			9:00:00	124.6973	287.579	36.08	289.239	-23.57	-27.093	9:00:00	124.5800	0.3560	35.7800	289.5760	-23.6220	-26.7560	287.2300	0.3490	0.0520	0.1173	0.3000	0.3370
MAX SOLAR ECLIPSE			9:36:16	130.4985	287.604	43.637	289.266	-23.567	-36.659	9:36:16	130.1680	0.3220	43.1440	289.8560	-23.6450	-36.0600	287.6040	0.0000	0.0780	0.3305	0.4930	0.5900
			10:00:00	134.778	287.618	47.619	289.281	-23.565	-42.092	10:00:00	134.2570	0.3030	47.0450	290.0080	-23.6550	-41.3650	287.8150	0.1980	0.0900	0.5210	0.5740	0.7270
PARTIAL ENDS			11:20:56	159.8297	287.671	58.804	287.671	-23.557	-62.323	11:20:56	157.9680	0.2900	58.2770	290.5380	-23.1960	-23.1960	288.6080	0.9370	0.3610	1.8617	0.5270	2.8670
			12:00:00	177.2409	287.697	60.764	289.366	-23.554	-72.089	12:00:00	174.6130	0.1950	60.5580	290.7830	-23.6490	70.6720	288.9900	1.2930	0.0950	2.6279	0.1960	1.4170
	14-Apr		0:00:00	186.035	300.467	-74.361	302.945	-21.195	108.183	0:00:00	350.4000	0.4110	72.5290	118.0880	22.8580	76.6730	115.8160	184.6510	44.0530	164.3650	146.8900	184.8570
			5:30:00	110.5032	300.684	-10.636	303.171	-21.145	25.684	5:30:00	291.6930	0.6740	7.9690	120.2500	22.2090	157.2370	118.6850	181.9980	43.3540	181.1898	16.6050	182.9210
PENUMB LUNAR ECLIPSE			6:00:00	110.9064	300.704	-3.653	303.192	-21.141	18.184	6:00:00	292.1120	0.6970	1.2710	120.5230	22.1320	-164.4850	118.9480	181.7580	43.2730	181.2056	4.9240	182.6690
			6:10:00	111.1121	300.71	-1.331	303.199	-21.139	15.684	6:10:00	292.3210	0.7050	-0.9550	120.6170	22.1060	166.0090	119.0030	181.6770	43.2450	181.2089	0.3760	182.5820
MID ECLIPSE			9:31:39	127.6231	300.848	44.985	303.342	-21.107	36.653	9:31:39	308.4740	0.8710	-45.0200	122.9600	21.5970	142.9640	120.8480	180.0000	42.7040	180.8509	90.0050	180.3820
	29-Apr		17:30:00	251.9429	315.394	6.836	318.16	-17.131	-154.605	17:30:00	249.7970	-2.1430	6.0990	317.7100	-19.3480	-155.0550	315.2830	0.1110	2.2170	2.1459	0.7370	0.4500
NEW MOON			17:45:00	252.4163	315.404	3.283	318.17	-17.128	-158.355	17:45:00	250.3040	-2.1560	2.7280	317.8600	-19.2910	-158.6650	315.4360	0.0320	2.1630	2.1123	0.5550	0.3100
			18:00:00	252.8179	315.414	-0.279	318.18	-17.125	-88.547	18:00:00	250.7380	-2.1690	-0.6490	318.0130	-19.2340	-162.2720	315.5900	0.1760	2.1090	2.0799	0.3700	0.1670
VERNAL EQUINOX	15-Jun		1:15:26	75.78059	0.000008	-67.694	0.000007	0.000003	85.218	1:15:26	157.445	4.973	77.064	206.179	-6.305	-68.603	206.329	206.329	6.305003	81.66441	144.758	206.179
			5:00:00	88.67272		-12.551	0.138	0.064	29.06	5:00:00	256.5		38.154	207.132	-6.844	-123.945			5.908	167.8273	50.705	206.994
SUNRISE			5:47:00	89.83778		-0.855	0.167	0.077	17.308	5:47:00	259.036		26.918	207.39	-6.995	-135.449			7.072	169.1982	27.773	207.223
			5:55:00	90.03239	0.19	1.136	0.172	0.08	15.308	5:55:00	259.382	4.937	24.999	207.437	-7.158	-137.428	208.647	208.457	7.238	169.3496	23.863	207.265
SUMMER SOLSTICE	12-Sep		5:43:30	64.97627	89.723	-0.839	89.695	24.3	19.99	5:43:30	239.27	-1.587	29.394	301.548	-23.252	-128.156	299.568	209.845	48.052	174.2937	30.233	211.853
PARTIAL SOLAR ECLIPSE	23-Sep		16:00:00	294.9203	101.4700	30.5680	102.6000	24.2730	-132.4930	16:00:00	294.5690	-0.2080	27.7200	99.4580	24.2340	-135.6360	99.4550	2.0150	0.0390	0.3513	2.8480	3.1420
Start of Partial Eclipse			17:00:00	293.6702	101.5140	16.4980	102.6480	24.2690	-147.9880	17:00:00	293.6190	-0.1550	14.0840	100.0003	24.2500	-150.6350	100.0190	1.4950	0.0190	0.0512	2.4140	2.6477
			18:00:00	294.0762	101.5560	3.2960	102.6940	24.2650	-162.4820	18:00:00	294.1420	-0.1050	1.6920	100.5700	24.2460	-164.6060	100.5820	0.9740	0.0190	0.0658	1.6040	2.1240
		SUNSET	18:18:12	294.4827	101.5690	-0.8310	102.7080	24.2640	-167.0300	18:18:12	294.5630	-0.0900	-2.6090	100.7610	24.2470	-168.9770	100.7530	0.8160	0.0170	0.0803	1.7780	1.9470
			19:00:00	295.9411	101.5990	-10.2410	102.7400	24.2610	-177.4760	19:00:00	296.0180	-0.0540	-11.6360	101.2230	24.0650	-178.9930	101.1450	0.4540	0.1960	0.0769	1.3950	1.5170
MAXIMUM ECLIPSE			19:52:16	298.9556	101.6360	-21.7880	102.7810	24.2580	169.4620	19:52:16	298.9470	-0.0090	-22.6850	101.8440	23.9850	168.5250	101.6360	0.0000	0.2730	0.0086	0.8970	0.9970
Not viewable			20:00:00	299.5369	101.642	-23.467	102.787	24.257	167.529	20:00:00	299.506	-0.002	-24.289	101.94	23.973	166.682	101.708	0.0660	0.2840	0.0309	0.8220	0.8470
			20:30:00	302.1992	101.663	-29.874	102.811	24.255	160.032	20:30:00	302.048	0.023	-30.411	102.321	23.931	159.543	101.989	0.3260	0.3240	0.1512	0.5370	0.4900
			21:00:00	305.6407	101.684	-36.071	102.834	24.253	152.535	21:00:00	305.301	0.049	-36.334	102.715	23.891	152.416	102.27	0.5860	0.3620	0.3397	0.2630	0.1190
			12:00:00	156.4918	179.61	84.024	179.646	0.164	71.178	12:00:00	292.314	-4.708	-56.798	27.966	7.156	137.142	29.007	150.6030	6.9920	135.8222	140.8220	151.6800
AUTUMNAL EQUINOX	9-Dec		21:24:36	276.4139	179.9999	-48.485	179.9999	0.000001	147.64	21:24:36	81.496	-4.496	14.551	34.957	9.625	2.596	34.908	145.0919	9.6250	194.9179	63.0360	145.0429

Tabla 4. Eclipses de Marzo 31, Abril 14 y Septiembre 23 en el Año 8460 AEC

	YEAR			SUN DATA						MOON DATA								D			
	8280	DATE	UT	HOUR	AZIMUTH	S.Longitud	ELEVATION	RA	DECLINATI.O	longitude	HOUR	AZIMUTH	ECL.LAT	ELEVATION	t-RA	t-DECLINATI	Longitude	Ecl. Long	e.longDiff	DEC. DIFF	Az. DIFF	Elv. Diff	RA Diff
PART SOLAR ECLIPSE				10:30:00	64.9755	33.3800	70.9240	30.8890	18.5510	-55.8400	10:30:00	61.9330	0.9740	70.9080	30.4940	14.2500	-56.2850	33.0470	0.3350	0.9190	3.0425	0.0160	0.3950
FIRST CONTACT				10:41:00	61.4043	33.3870	73.3670	30.8960	18.3370	-58.5900	10:41:00	57.9470	0.9650	73.2120	30.5510	14.3200	-58.9350	33.1480	0.2390	0.9830	3.4572	0.1450	0.3450
				11:00:00	51.8976	33.4000	77.8290	30.9080	18.3880	-65.3410	11:00:00	47.6960	0.9490	76.9080	30.6480	14.5340	-65.6010	33.3250	0.0770	0.9960	4.2016	0.4210	0.2600
MAX ECLIPSE		16:03:35		11:09:11	44.8548	33.4070	79.0390	30.9150	18.3410	-65.6870	11:09:11	40.4480	0.9410	78.4550	30.6940	14.3590	-65.8570	33.4070	0.0000	1.0180	4.4118	0.5840	0.2210
SUN@ZENITH		16:35:06		11:40:52	0.0029	33.4290	82.1990	30.9360	18.3490	73.5580	11:40:52	359.4850	0.9150	81.2040	30.8540	14.4430	-73.6400	33.6980	0.2690	1.0940	359.4821	1.0950	0.0820
LAST CONTACT		16:57:14		11:43:00	356.1966	33.4300	82.2800	30.9370	18.3490	74.0920	11:43:00	356.1740	0.9130	81.1790	30.8650	14.3050	-74.1640	33.7170	0.2870	0.9560	0.0574	1.1010	0.0720

Tabla 5. Eclipse solar Parcial del 17 de Julio del año 8280 AEC compartido con Mohenjo Daro

AÑO 8082 ACE

El año 8082 ACE fue escogido después de investigar varios años entre los años indicados por las intersecciones con la super analema. Comenzando en el año 8460AEC las posiciones del sol y la luna fuero establecidas de acuerdo con el protocolo y medidas cada 18.6 años -el ciclo saros, comenzando con el eclipse solar total del 8460AEC. El año 8082AEC corresponde a veinte ciclos. El 4 de Junio de ese año un eclipse total de luna tuvo lugar y su progreso como siempre fue marcado con menhires alineados con los azimuts del sol y la luna usando como referencia el menhir central. Otros eclipses y eventos del sol y de la luna fueron marcados de esta manera como describimos antes. Lo que hace este eclipse y su demarcación en El Infiernito extraordinario es que *este eclipse no se pudo ver aquí*; un evento notablemente de manera similar al que relatamos sucedió en Teotihuacán con respecto a la luna nueva en Mohenjo Daro; la luna nueva en ese caso ocurrió unos mil años más tarde pero la geometría de las posiciones del sol y la luna fueron grabadas en un magnifico monumento.

En este caso, la ocultación mayor de este eclipse sucedió minutos antes sobre el Océano Indico a 175° al sur de Mohenjo Daro. La antiquísima ciudad de Mohenjo Daro está en otro círculo mayor el cual conecta a El Infiernito (M-24 y M-11) con Aur Duri en Indonesia. Este sitio arqueológico tiene pilares megalíticos no muy diferentes a los de El Infiernito. Aur Duri está situado en la parte oeste de la Isla de Sumatra a cuatro kilómetros del Ecuador, lo que hace que este sea el sitio arqueológico más cercano al Ecuador. Su importancia la describimos en detalle en una publicación anterior [9]. Es preciso recordar que la antigua ciudad de Mehrgarh está en el circulo mayor generado por la Avenida De Los Muertos en Teotihuacán, tanto como lo está Mohenjo Daro. Este a su vez esta en el circulo mayor Tu'U Tahi-El Infiernito, y el circulo mayor El Infiernito-Mohenjo Daro-Aur Duri. Tres círculos en total; los tres pasando por Mohenjo Daro. Ver la Figura 21.

El 4 de Junio del año 8082AEC el sol y la luna se aproximaban en alineamiento que resultaría en un eclipse lunar; a las 4:00:00 los dos cuerpos estaban alineados de este a oeste sobre El Infiernito, el sol con un azimut de 90.8° y la luna con azimut de 274.5°. Diez y seis horas y media más tarde habían cambiado de lugar el uno con el otro; el sol ahora estaba a 269.15° y la luna a 89.995°. Este movimiento tan peculiar creemos fue registrado con la primera fila de menhires cortos alineados de este a oeste, especialmente dado que dentro de esas 16.5 horas, un eclipse total de luna ocurrió en el otro lado de la tierra, unas 9:26 horas más temprano que este lugar sobre el Océano Indico al sur de Mohenjo Daro. La penumbra del eclipse (P1) comenzó a las 11:30:00 / 20:56:46, la ocultación máxima fue alcanzada a las 14:20:00 / 23:47:41 y concluyo a las 14:35:00 / 0:1:46, la fase umbral (4) terminó a las 16:57:00 / 2:23:46 y la penumbra (P4) a las 17:56:00 /3:23:06; en El Infiernito y el Océano Indico al sur de Mohenjo Daro a sus horas respectivamente. En la Figura 21 se puede apreciar un compuesto de las posiciones y azimuts del sol y la luna desde El Infiernito y Mohenjo Daro.

En la Figura 19 se muestran las posiciones del sol y la luna, empezando a las 4:00 y 19:45 hrs., de derecha a izquierda cada línea muestra la hora. A las 4:00hrs la luna alinea con la primera línea de menhires pequeños, el sol en el este alinea con el menhir M-16 y el central M-24. Aproximadamente diez horas más tarde el sol se había movido hacia el oeste así incrementando la diferencia en azimut con la luna hasta el punto en que la penumbra de la tierra hizo su primer contacto con el disco de la luna; sus posiciones opuestas ya llegaban casi a los 180°, habiendo disminuido de 185.347°. Al primer contacto con la penumbra, a las 11:30 hrs en El Infiernito, la diferencia de ángulo en longitud eclíptica era 181.477°. El eclipse parcial (U1) concluyo a las 12:52:00 hrs. el sol estaba alineado con los menhires A2, M-24. A las 13:41:50hrs. Desde el oriente el sol alineaba con los menhires D2, C1, M-40, M-24 y M-13 y coincidentemente con La Laguna de Iguaque.

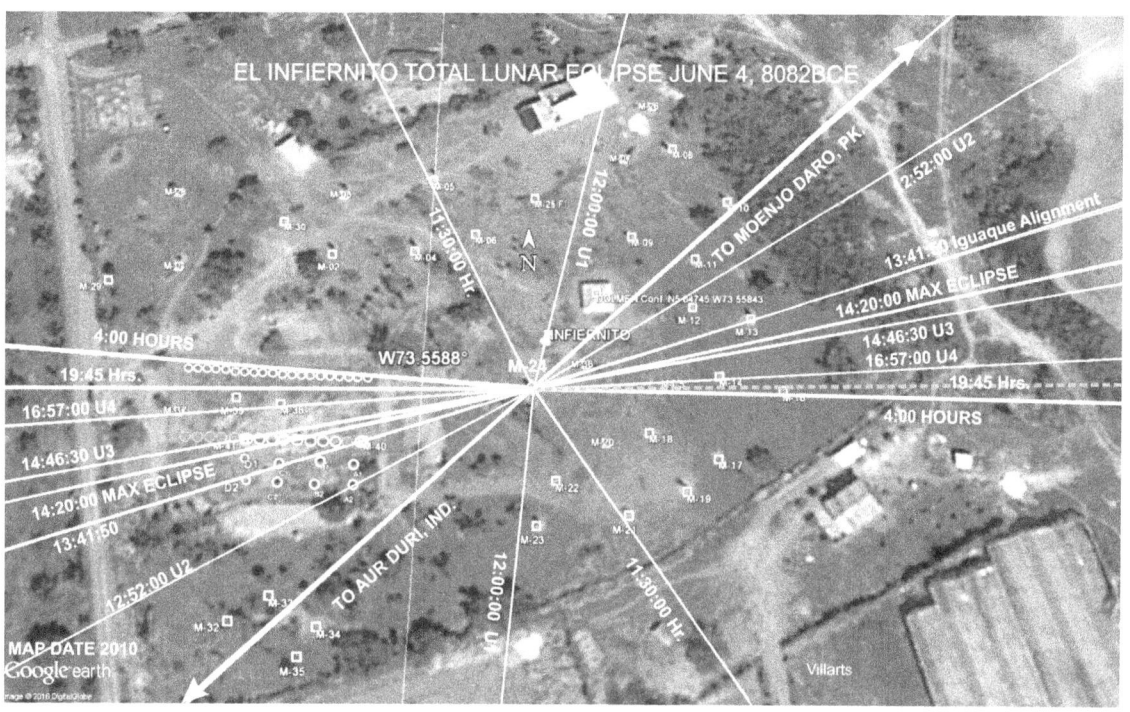

Figura 19. Eclipse Total De Luna no visible en El Infiernito y visible en Mohenjo Daro

Durante el progreso del eclipse hacia su máxima ocultación a las 14:20hrs. (U2), el movimiento del sol al oeste causa que su azimut aumente hacia el noroeste progresivamente alineando con cada uno de los pilares de la fila central hasta que el eclipse umbral (U4) concluye sobre el ultimo pilar aun parado M-41 a las 14:46:30hrs. La posición de la luna fue marcada con el menhir M-15. El eclipse concluyo momentos antes que la luna saliera en El Infiernito a las 18:05hrs. Después del eclipse, a las 19:45hrs. el sol y la luna habían intercambiado sus posiciones; el sol estaba ahora bajo el horizonte en el oeste con un azimut de 269.46° y la luna había salido en el este con un azimut de 90.37° con una altitud de 24.36°. Los datos se presentan en la Tabla 6 y el eclipse se representa gráficamente como se vio -o no- en ambos lugares en la Figura 20.

La posicione del sol de este a oeste alineando con los menhires M-24 y M-16 y la línea central de pilares a 90.0°, habíamos argüido es un alineamiento bianual común por sí solo. Pero la presencia simultánea de la luna opuesta a 180° resultando en un eclipse y luego alternando posiciones de este a oeste 90°-270°, hace que los alineamientos descritos tengan mayor significado. También teniendo en cuenta que el evento sucedió una semana antes del equinoccio de verano el 12 de Junio, y seis meses después del lunastício mayor de Enero 12 y un día antes del segundo lunastício en Junio 11. Este evento justifico la inversión de recursos necesarios para marcarlo con menhires alineados apropiadamente; de tal manera estableciendo su importancia, aunque el eclipse no se pudo ver desde El Infiernito.

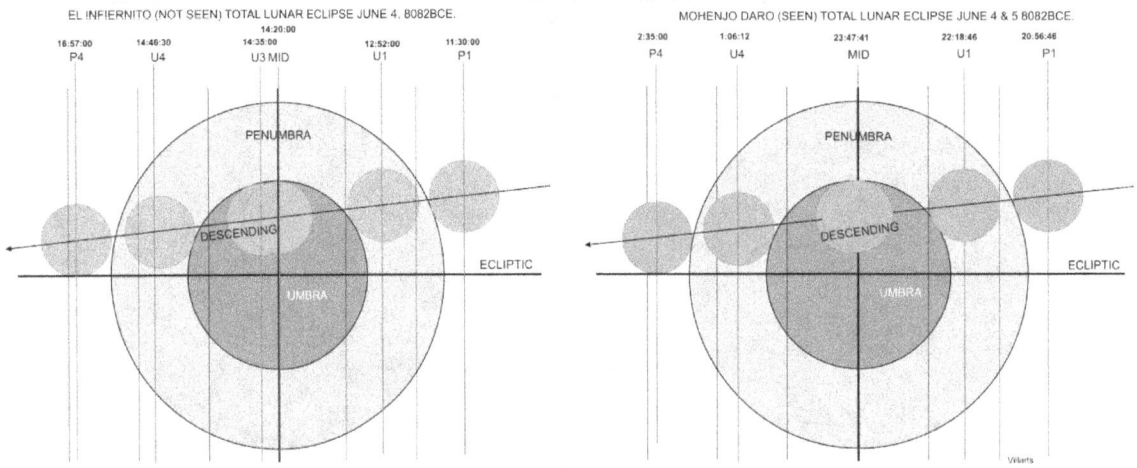

Figura 20. Eclipse de luna total visto en Mohenjo Daro, grabado en El Infiernito pero no visto

4:32:32	4:54:14	5.64726			73.55859																	
Inf./MD	YEAR				SUN DATA							MOON DATA										
Time Dif.	-8082	DATE	Moh Daro	HOUR	AZIMUTH	S Longitud	ELEVATION	RA	DECLINATIO	longitude	HOUR	AZIMUTH	ECL LAT	ELEVATION	RA	DECLINATI	Longitude	Ecl. Long	elongation	DEC. DIFF.	Az. DIFF.	Elv. Diff	RA Diff
9:26:46																							
MAJOR STANDSTILL	12-Jan			17:56:16	255.5129	215.982	1.663	213.399	-14.24	160.395	17:56:16	36.168	5.225	-45.544	91.386	29.971	78.092	91.206	124.7760	44.2110	219.3449	47.2070	122.0180
	4-Jun	13:26:46	4:00:00	90.7602	351.9090	-28.7660	352.6440	-3.3780	45.0340	4:00:00	274.5110	0.9300	23.6290	167.2680	6.3830	-140.3420	166.5620	185.3470	9.7610	183.7508	52.3950	185.3760
		13:56:46	4:30:00	91.4237	351.9290	-21.3000	352.6620	-3.3700	37.5320	4:30:00	274.8560	0.9050	16.3600	167.4700	6.2330	-147.6610	166.8400	185.0890	9.6030	183.4323	37.6600	185.1920
	SUNRISE	15:19:12	5:52:26	93.2801	351.9840	-0.8440	352.7120	-3.3470	16.9590	5:52:26	276.2070	0.8360	-3.4810	168.1010	5.9210	-167.6540	167.6020	184.3820	9.2680	182.9269	2.6370	184.6110
NOT VISIBLE																							
Penumbral Eclipse Begins P1		20:56:46	11:30:00	145.6396	352.2110	79.2370	352.9190	-3.2530	-67.4990	11:30:00	333.6640	0.5520	-79.0200	171.7200	4.2020	111.3020	170.7340	181.4770	7.4550	188.0244	158.2570	181.1990
		21:26:46	12:00:00	189.2356	352.2310	80.9920	352.9380	-3.2440	-75.0010	12:00:00	13.3250	0.5270	-80.0210	172.0850	4.0660	104.1470	171.0130	181.2180	7.3100	175.9106	161.0130	180.8530
Partial Eclipse U1		22:18:46	12:52:00	238.7383	352.2660	73.0600	352.9690	-3.2300	-88.0050	12:52:00	57.4760	0.4830	-70.9140	172.7160	3.8310	91.7420	171.4970	180.7690	7.0610	181.2623	143.9740	180.2530
		23:03:46	13:37:00	251.5580	352.2970	62.8450	352.9970	-3.2170	-99.2580	13:37:00	70.5200	0.4450	-62.9480	173.2530	0.0000	80.9980	171.9170	180.3800	3.2170	181.0380	125.7930	179.7440
		23:09:07	13:42:21	252.4728	352.3000	61.5790	353.0002	-3.2160	-100.5390	13:42:21	71.4850	0.4400	-61.7540	173.3160	3.6060	79.7200	171.9660	180.3340	6.8220	180.9878	123.3330	179.6842
		23:26:46	14:00:00	255.0035	352.3120	57.3630	353.0110	-3.2110	-31.4510	14:00:00	74.1760	0.4250	-57.7660	173.5220	3.5270	75.5010	172.1310	180.1810	6.7380	180.8275	115.1290	179.4890
Partial ends U1		23:41:46	14:15:00	256.7102	352.3220	53.7440	353.0200	-3.2070	-108.7610	14:15:00	76.0090	0.4120	-54.3330	173.6950	3.4600	71.9140	172.2710	180.0510	6.6670	180.7012	108.0770	179.3250
Greatest Eclipse & U2		23:47:41	14:20:55	257.2983	352.3260	52.5320	353.0230	-3.2050	-110.0110	14:20:55	76.6430	0.4080	-53.1820	173.7320	3.4380	70.7180	172.3260	180.0000	6.6430	180.6553	105.7140	179.2710
Mon @ So. Mohenjo Daro		23:51:46	14:25:00	257.6805	352.3290	51.8180	353.0260	-3.2040	-37.7030	14:25:00	77.0570	0.4040	-52.0290	173.8090	3.4160	69.5210	172.3640	179.9650	6.6200	180.6235	103.3470	179.2170
		23:56:46	14:30:00	258.1244	352.3320	50.1010	353.0290	-3.2020	-112.5120	14:30:00	77.5380	0.4000	-50.8720	173.8650	3.3940	68.3240	172.4110	179.9210	6.5960	180.5864	100.9730	179.1640
Total Eclipse Ends U3		0:01:46	14:35:00	258.5440	352.3360	48.8830	353.0320	-3.2010	-113.7620	14:35:00	77.9930	0.3950	-49.7130	173.9220	3.3720	67.1270	172.4570	179.8790	6.5730	180.5510	98.5960	179.1100
		0:13:16	14:46:30	259.4281	352.3430	46.0750	353.0390	-3.1980	-116.6380	14:40:00	78.9560	0.3850	-47.0380	174.0500	3.3210	64.3730	172.5650	179.7780	6.5190	180.4721	93.1130	178.9890
Partial Eclipse Ends U4		2:23:46	16:57:00	265.3249	352.4310	13.8730	353.1190	-3.1610	-149.2720	21:51:14	85.4860	0.2740	-16.1700	175.3860	2.7410	32.9950	173.7830	178.6480	5.9020	179.8389	30.0430	177.7930
Penumbra ends P4 SUNSET		3:23:06	17:56:20	266.9243	352.4710	-0.8570	353.1560	-3.1450	-164.1100	17:56:20	87.3190	0.2240	-1.9420	175.9050	2.5710	18.6400	174.3380	178.1330	5.7160	179.6053	1.0850	177.2510
		3:26:46	18:00:00	267.0145	352.4730	-1.7680	353.1580	-1.7680	-165.0270	18:00:00	87.4240	0.2200	-1.0600	175.9350	2.4590	17.7510	174.3720	178.1010	4.2270	179.5905	0.7080	177.2230
	MOONRISE 22:59:14		18:05:00	267.1363	352.4770	-3.0110	353.1610	-3.1250	-166.2770	18:05:00	87.5660	0.2160	0.1440	175.9760	2.4370	16.5380	174.4190	178.0580	5.5790	179.5703	3.1550	177.1850
MAJOR STANDSTILL	11-Jun		13:00:00	250.5874	359.058	72.289	359.144	-0.394	90.233	13:00:00	240.296	-5.284	-17.724	268.594	-29.982	179.216	269.726	89.3320	29.5880	10.2914	90.0130	90.5500
	12-Jun		0:00:00	273.2241	359.3430	-32.0610	359.4030	-0.2750	164.2370	0:00:00	136.7850	-5.2490	-55.3080	274.9840	-29.9370	79.8180	273.8860	85.4570	29.6620	136.4391	23.2470	84.4190
SUNRISE			5:47:41	90.0266	359.7400	-0.8390	359.7630	-0.1090	17.2740	5:47:41	162.2960	-5.1540	52.3570	281.3210	-29.5140	-61.1680	279.6700	80.0700	29.4050	72.2714	53.1960	78.4420
MOON IN DOLMEN			6:38:20	91.2770	359.7740	11.7660	359.7950	-0.0950	4.6080	6:38:20	179.9660	-5.1430	54.3230	281.6510	-29.4630	-73.5360	280.1680	79.6060	29.3680	88.6890	42.5570	78.1440
VERNAL EQUINOX			12:13:21	224.9563	359.9990	82.0450	359.9990	-0.00001	-79.1700	12:13:21	239.9690	-5.0630	4.7460	284.2740	-29.2250	-154.8960	283.4580	76.5410	29.2250	15.0127	77.2990	75.7250
Start Partial Eclipse	18-Jun		11:38:00	140.6887	5.8230	85.8540	5.2910	2.4350	-70.9310	11:38:00	148.0160	0.7590	86.6650	4.4310	2.8170	71.7910	5.1950	0.6280	0.3820	7.3273	0.8110	0.8600
Maximum Eclipse			12:52:56	259.4143	5.8740	73.6180	5.3380	2.4560	-89.6690	12:52:56	262.2180	0.8210	73.1460	4.7280	3.1600	90.2790	5.8740	0.0000	0.7040	2.8037	0.4720	0.6100
			13:00:00	260.5788	5.8790	71.8870	5.3420	2.4580	-91.4360	13:00:00	263.1830	0.8260	71.4310	4.7570	3.1920	-92.0210	5.9380	0.0590	0.7340	2.6042	0.4560	0.5850
			13:30:00	263.8684	5.8990	64.4890	5.3600	2.4660	-98.9380	13:30:00	265.9710	0.8510	64.1210	4.8830	3.3270	-99.4160	6.2100	0.3110	0.8610	2.1026	0.3680	0.4770
End of Partial Eclipse			14:00:00	265.8251	5.9190	57.0540	5.3790	2.4750	-106.4400	14:00:00	267.6880	0.8750	56.7930	5.0160	3.4610	-106.8040	6.4810	0.5620	0.9860	1.8629	0.2610	0.3680

Tabla 6. Lunastícios de Enero 12 y Junio 11, Eclipses de Junio 4 y 18 del año 8082 AEC

Las implicaciones que estos resultados puedan tener con respecto a su ingeniería nos llevaron a algunas de las conclusiones de este estudio. En seguida veremos que este evento se repite de forma parecida dos semanas más tarde con un eclipse parcial solar.

El equinoccio vernal (primaveral) en este año ocurrió el 12 de Junio a las 12:13:21hrs. el sol tenía un azimut de 224.96° con una elevación de 82.05°. El día anterior la luna había alcanzado su *lunastício mayor* en el hemisferio del sur con una declinación de 29.982° S y con una altitud de -17.724° y azimut de 240.3°. En el día 12 la luna salió después del amanecer (5:47hrs) y a las 6:38:00 hrs. tenía un azimut de 179.85° y elevación de 54.3°. El significado de esta posición es; la luna estaba en su cuarto menguante y desde ese punto, altitud y ángulo iluminó el seno del dolmen. El sol a ese momento estaba en el este a un azimut de 91.27° y elevación of 11.7°. Ver la Tabla 6 y la Figura 20. Seis días más tarde el 18 de Junio la luna nueva resulto en un eclipse parcial de sol. El primer contacto ocurrió a las 11:38:00hrs. alcanzando su máximo obscurecimiento a las 12:52:56 hrs. y último contacto a las 14:00:00hrs. El eclipse parcial termino cuando el sol y la luna estaban en el oeste con azimuts de 266° y 268°respectivamente. La magnitud del eclipse fue apenas de 0.15 por lo cual no fue visible.

La culminación del solsticio de verano ocurrió en la media noche del 14 de Septiembre con el sol a una declinación de 24.658° y al mismo tiempo la luna tuvo su lunastício mayor a latitud 29.718°; la posición de la luna fue capturada con el alineamiento de menhires con el dolmen que describimos con anterioridad y aparece en la Figura 12. Al día siguiente, el 15 de Septiembre hubo una luna nueva a las 16:37:46hrs. y aunque la aproximación de la luna y el sol fue de 5° no hubo eclipse. En la Figura 19 se muestra el progreso del sol y la luna durante el día, el menhir 12 muestra la posición del sol y de la luna al amanecer. El menhir M-25 (caído) en el centro hacia arriba marca el norte con precisión. En la grafica se muestra las posiciones del sol y la luna al medio día alineando con este. La aproximación más cercana ocurrió al as 16:37:46hrs. cuando la diferencia en sus longitudes eclípticas es 0°. Sus posiciones a la caída del sol se ven hacia el noroeste, esta dirección es marcada con los menhires M-1 y M-28. Los datos aparecen en la Tabla 6 y en la gráfica Figura 19. Esta gráfica, menos atareada, muestra la reconocida foto Google de satélite donde se pueden apreciar las posiciones de los menhires y el dolmen el cual está protegido bajo un tejado.

En la grafica la línea que conecta el menhir M-24 con el menhir M-13 marca la dirección de la Laguna de Iguáque, la cual se encuentra en la montaña hacia el noreste, como se muestra en la Figura 13. La dirección del circulo mayor generado por el Ahu Tu'u Tahi se destaca con la flecha de dos puntas de noreste a suroeste. El 29 de Septiembre la luna creciente ya llegaba casi a luna llena. Quince minutos antes de media noche estaba directamente al sur de El Infiernito a 180° y una vez más ilumino dentro del dolmen. Al día siguiente a las 9:39:51hrs. la luna llena alcanzo su plenitud cuando alineo con el sol a 180.00°, pero se había ocultado cuatro horas antes. De todas maneras este alineamiento fue captado con el menhir M-24, el dolmen y el menhir M-9. Este alineamiento se muestra en la Figura 20. No hubo eclipse la luna estaba muy alta en su órbita lejos del nodo, no hubo sicigia del sol y luna.

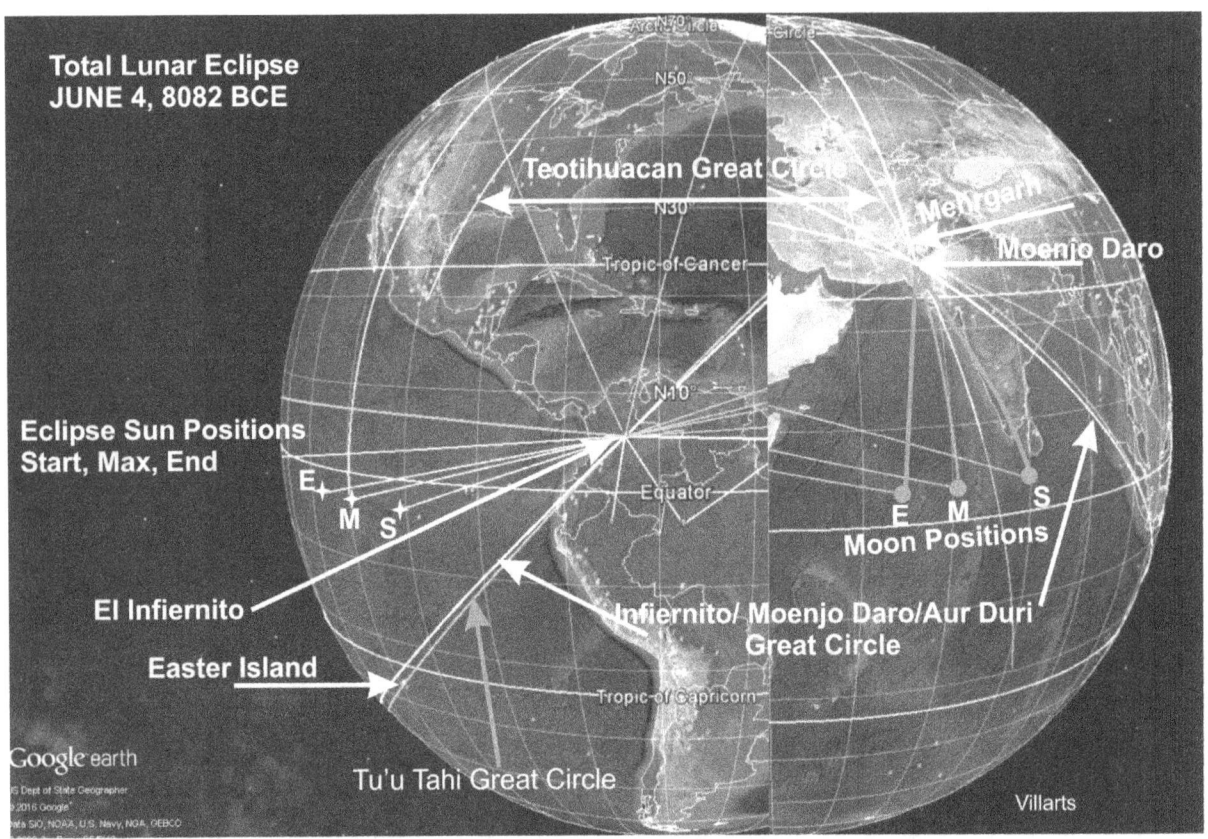

Figura 21. Eclipse Total de luna en Mohenjo Daro, marcado en El Infiernito pero no visto ahí

EL EQUINOCCIO

A media noche del 1 de diciembre la luna brillo sobre El Infiernito con un azimut de 77.87°. Trece minutos más tarde la luna tenía una elevación de 60.123° y se había movido hacia el norte ahora con un azimut de 71.477°, desde esta posición alineo con el menhir central y brilló sobre la Laguna de Iguáque. Los días siguientes la luna apareció al lado del sol en la mañana. Cuatro días más tarde, el 5 de Diciembre la luna llego a su lunastício con latitud de 29.545°. El 7 de Diciembre al amanecer el sol rebozó la montaña con un azimut de 89.8°, mientras la luna tenía un azimut de 32.4°. Minutos más tarde el sol alineó con la fila central de pilares a 90° y la luna alineó con el dolmen y el menhir central. En la tarde el sol cruzó el Ecuador a las 12:58 hrs. con latitud 0.002°. Como se esperaba el sol estaba casi a 90.0° y su alineamiento con el menhir central se marcó con el menhir M-16. A la caída del sol su azimut era 269.99° y alineaba con la fila central de pilares desde el oeste.   La confluencia de todos estos eventos astronómicos pudieron haber sido la base en la que la leyenda de Bachué fue construida: Podemos visualizar la gran actividad que debió haber tenido lugar con la erección de docenas de megalitos sobre un periodo de meses, años si no siglos. Esto pudo haber causado gran consternación para los pobladores de la región. Pero, no existen indicios de que la región hubiera sido poblada en esta época tan antigua. La civilización más antigua esta datada entre 4 o 5 siglos de acuerdo con la datación por carbón 14 reportada.

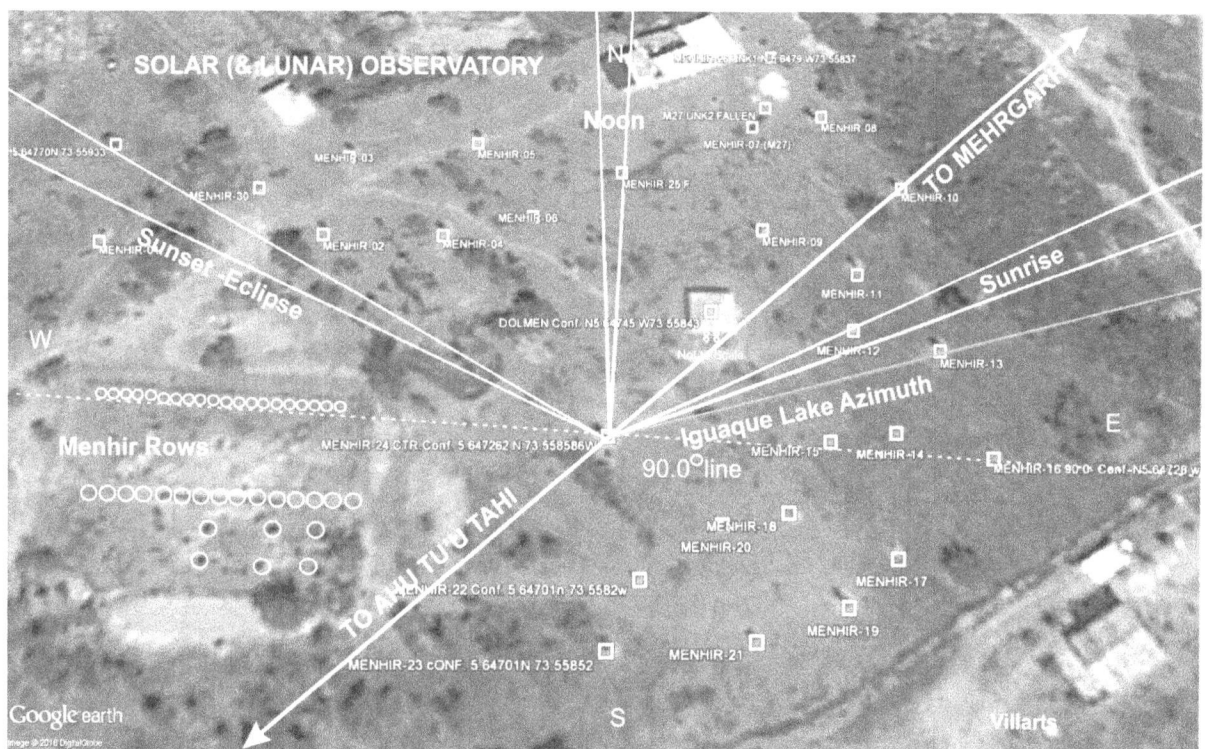

Figura 22. El Infiernito, Circulo Mayor, vista desde el Satélite, alineamientos y Menhires

La posición de la luna sobre el lago ocurre cíclicamente; que esta vez haya ocurrido durante el lunastício hace esta ocasión más rara; la luna estaba a una altitud más alta que nunca. Esto combinado con la existencia de los menhires, su apariencia y lo que en la imaginación puedan significar, es el material del que las leyendas son compuestas. La dirección desde donde la luna brillo está marcada en El Infiernito con unos de los megalitos más grandes: M-24 y M-13.

AÑO 7495 AEC
El año resulto de la extensión del alineamiento de la fila de menhires hasta su punto de intersección con la super analema y su alineamiento con el sol durante el equinoccio. Este alineamiento es

generalmente basado en observaciones empíricas. En esta sección vamos a probar su validez pero antes visitaremos otros dos fenómenos astronómicos.

4:54:14	5.64726	73.55859		SUN DATA						MOON DATA							D				
-8082	DATE	HOUR	AZIMUTH	S.Longitud	ELEVATION	RA	DECLINAT	longitude	HOUR	AZIMUTH	ECL.LAT	ELEVATION	RA	DECLINATI	Longitude	Ecl. Long.	elongatio	DEC. DIFF	Az. DIFF.	Elv. Diff	RA Diff
SUMMER SOLSTICE	14-Sep	0:00:00	0.2105	94.8080	-59.6940	95.2920	24.6580	106.3250	0:00:00	12.5480	4.9970	-54.2350	87.0450	29.7180	98.0780	87.2910	7.5170	5.0600	12.3375	5.4590	8.2470
MOON RISE	15-Sep	5:26:00	64.5374	95.0400	-5.2400	95.5470	24.6490	24.8570	5:26:00	60.1630	4.9640	-0.5630	91.0070	29.7150	20.3160	89.9800	5.0600	5.0660	4.3744	4.6770	4.5400
SUNRISE		5:45:31	65.1280	95.0540	-0.8470	95.5620	24.6490	19.9800	5:45:31	60.5330	4.9620	3.5120	91.1920	29.7130	15.6090	90.1400	4.9140	5.0640	4.5950	4.3590	4.3700
	NOON	12:00:00	359.8733	95.3210	71.0100	95.8560	24.6370	-73.6040	12:00:00	355.3050	4.9090	65.5740	93.6620	29.6170	-75.7980	93.2290	2.0920	4.9800	4.5683	5.4360	2.1940
		16:00:00	295.1711	95.4920	29.5390	96.0440	24.6300	-133.5800	16:00:00	300.6690	4.8670	27.9090	95.0730	29.6480	-134.5510	95.2080	0.2840	5.0180	5.4979	1.6300	0.9710
	NEW MOON	16:37:46	294.2431	95.5190	21.0030	96.0740	24.6290	-143.0180	16:37:46	299.4440	4.8600	20.0060	95.3590	29.5640	-143.7320	95.5190	0.0000	4.9350	5.2009	0.9970	0.7150
MOON IN DOLMEN	29-Sep	23:45:00	349.3705	110.2110	-60.6960	112.0670	23.1350	112.0760	23:45:00	180.1850	-4.6110	55.2670	286.3130	-29.0850	-73.6790	284.3390	174.1280	52.2200	169.1855	115.9630	174.2460
	30-Sep	1:29:46	34.1692	110.2860	-54.9170	112.1480	23.1230	85.8930	1:29:46	214.1730	-4.5680	47.5890	287.0700	-28.3320	-99.1850	285.4520	175.1660	51.4550	180.0038	102.5060	174.9220
MOON SET		5:47:56	66.4613	110.4890	-2.7530	112.3440	23.0940	21.8720	5:47:56	241.9350	-4.4550	-0.4240	289.4410	-27.9670	161.0310	288.1730	177.7040	51.0610	175.4737	2.3290	177.0970
FULL MOON		9:39:51	60.3918	110.6340	45.9270	112.5220	23.0680	-36.0880	9:39:51	234.7510	-4.3440	-48.3600	292.5960	-27.0760	143.9860	290.6340	180.0000	50.1440	174.3592	98.2870	180.0740
MOONRISE	15-Oct	5:56:00	69.8320		-2.1320	128.5460	19.8280	20.7660	5:56:00	65.7830		-0.5650	127.3720	24.1280	19.5920				4.0490	1.5670	1.1740
SUNRISE		6:01:29	69.9801		-0.8510	128.5500	19.8270	19.3950	6:01:29	65.9190		0.6390	127.4200	24.1140	18.2650				4.0611	1.4900	1.1300
NEW MOON		12:34:00	340.8848	126.1710	75.0280	128.8370	19.7540	-78.7160	12:34:00	347.3770	3.4270	71.8510	129.7430	23.3290	-77.8100	126.1710	0.0000	3.5750	6.4922	3.1770	9.0060
FULL MOON	29-Oct	21:04:50	294.4037	140.8730	-37.8630	143.5460	15.3200	154.6380	21:04:50	116.6230	-2.3220	35.5490	325.1580	-17.7960	-23.7500	320.8730	180.0000	33.1160	177.7807	73.4120	181.6120
PART SOLAR ECLIPSE	14-Nov	6:07:26	80.2695	156.5360	-0.8540	158.4860	9.5960	18.2700	6:07:26	79.1740	1.0020	-1.6070	158.4390	10.7030	19.1460	156.0620	0.4740	1.1070	1.0955	0.7530	0.0470
		7:04:01	81.4925	156.5780	13.7840	158.5250	9.5800	3.3730	7:07:01	80.5660	0.9550	12.5660	159.8160	10.4070	4.6640	156.5780	0.0000	0.8270	0.9265	1.2180	1.2910
		7:14:01	81.5998	156.5850	15.5060	158.5300	9.5780	1.6230	7:14:01	80.6930	0.9490	14.2400	158.9580	10.4310	2.9570	156.6380	0.0530	0.8530	0.9068	1.2660	0.4280
		8:19:01	82.2244	156.6270	31.0270	158.5710	9.5610	-14.1290	8:19:01	81.5020	0.9000	29.3710	160.2610	10.1630	12.4390	157.1840	0.5570	0.6020	0.7224	1.6560	1.6900
	30-Nov	24:00:00	341.8675	173.4450	-81.1780	174.0420	2.7400	109.1800	24:00:00	72.8730	3.3480	57.1090	23.6360	13.9930	-41.2260	26.5800	146.8650	11.2530	268.9945	138.2870	150.4060
MOON OVER IGUAQUE	1-Dec	0:13:00	3.5023	173.4540	-81.6010	174.0500	2.7360	105.9300	0:13:00	71.4770	3.3570	60.1230	23.6990	14.0530	-44.4220	26.7000	146.7540	11.3170	67.9747	141.7240	150.3510
LUNAR STANDSTILL	5-Dec	21:00:00	276.1085	178.3340	-42.2690	178.4870	0.6970	153.8200	21:00:00	47.2660	5.2220	-35.4480	87.6570	29.5450	62.9900	87.3320	91.0020	28.8480	228.8425	6.8210	90.8300
SUNRISE	7-Dec	6:06:00	89.80487	179.714	-0.757	179.74	0.12	17.214	6:06:00	32.461	4.755	61.616	105.938	29.061	-56.588	103.727	75.987	28.941	57.34387	62.373	73.802
		12:00:00	158.1438	179.9600	83.9370	179.9640	0.0170	-71.3050	12:00:00	298.1480	4.6290	20.4780	107.9560	28.2370	-143.3130	106.6430	73.3170	28.2200	140.0042	63.4590	72.0080
AUTUM EQUINOX	7-Dec	12:58:00	245.6174	180.0004	76.5290	180.0000	-0.0002	274.1920	12:58:00	297.6670	4.6070	8.0960	108.4280	28.1250	-157.3810	107.1210	72.8794	28.1252	52.0496	68.4330	71.5720
		13:30:00	255.0404	180.0230	69.0050	180.0210	-0.0090	-93.6100	13:30:00	298.0270	4.5950	1.2800	108.7130	28.1000	-165.1170	107.3850	72.6380	28.1090	42.9866	67.7250	71.3080
SUNSET		18:14:16	269.99	180.219	-0.838	180.199	-0.092	-164.392	18:14:16	329.372	4.483	-51.452	111.938	27.173	127.348	109.711	70.5080	27.2650	59.3820	50.6140	68.2610

Tabla 7. Eventos del añ0 8082AEC y Alineamiento con la Laguna de Iguáque

En el año 7495AEC un eclipse de sol parcial de magnitud .6 tuvo lugar. Comenzando en Noviembre 3 al medio día, el primer contacto ocurrió a las 12:07:01 y duro en su totalidad aproximadamente dos horas, terminando a las 14:03:00. Dieciséis días mas tarde el 19 de Noviembre un eclipse umbral parcial de luna ocurrió, comenzando antes de medianoche el día anterior con su primer contacto parcial (P1) a las 21:58:00. Nueve minutos después de medianoche, la luna alcanzo su máxima altitud de 76.85° y tenía un azimut de 180.1°. Bajo estas condiciones, una vez más, la luna ilumino dentro del dolmen antes que la fase umbral comenzara. Veinticinco minutos después de media noche ocurrió el primer contacto con la fase umbral (U1). La máxima ocultación ocurrió a las 3:12:06hrs. y salió de la fase umbral (U4) a las 5:05:00. El último contacto con la penumbra (P4) sucedió a las 7:55:00. La fase umbral de comienzo a fin duró 4:40:00hrs. y la duración total del eclipse fueron 9:57:00hrs. Estos eventos aparecen en la grafica Figura 21.

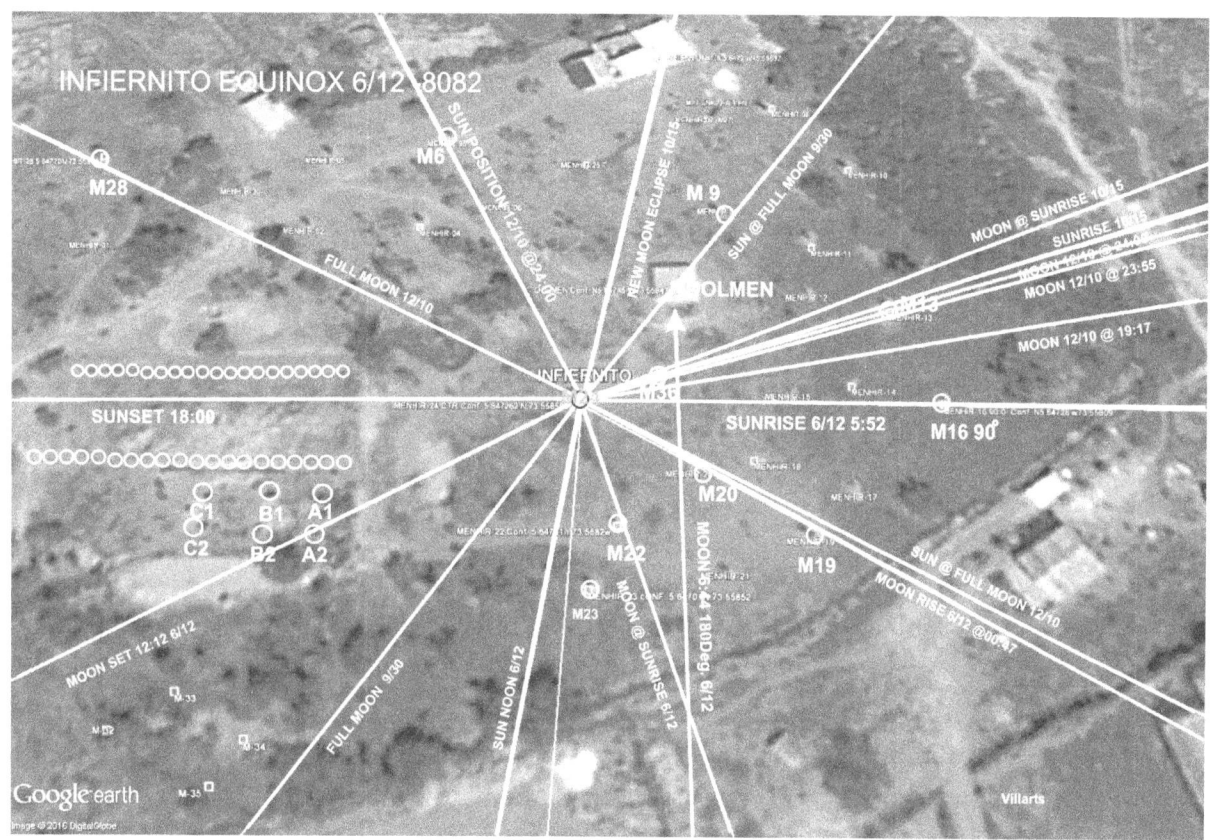

Figura 23. El Equinoccio en El Infiernito y lunasticio Mayor sobre la Laguna de Iguáque

ALINEAMIENTOS EN EL EQUINOCCIO

El equinoccio es el punto en la órbita de la tierra, en el cual se encuentra la tierra cuando la dirección en que su eje se inclina es tangencial a la órbita. En este punto los rayos del sol caen perpendicularmente sobre el Ecuador de la tierra a 0.0° de latitud y la declinación del sol es de 0.0°. El equinoccio de verano comienza en el momento en que los rayos del sol cruzan el Ecuador de sur a norte, mientras la tierra continua en su órbita y la inclinación de su eje deja de ser tangencial a la órbita. El eje continúa apuntando en una dirección *fija* hacia las estrellas en el orbe celestial; corrientemente apunta 44' adelante de la estrella Polar.

Los rayos directos del sol pasan de tener una declinación negativa, a declinación 0.0° y luego a declinación positiva. De la misma manera en el equinoccio invernal, seis meses más tarde la declinación solar disminuye desde su máxima declinación durante el solsticio de verano y eventualmente cruza el Ecuador de norte a sur, de nuevo por un momento llegando a declinación 0.0° y continuando a declinación negativa. La longitud solar del cruce en el equinoccio no es fija.

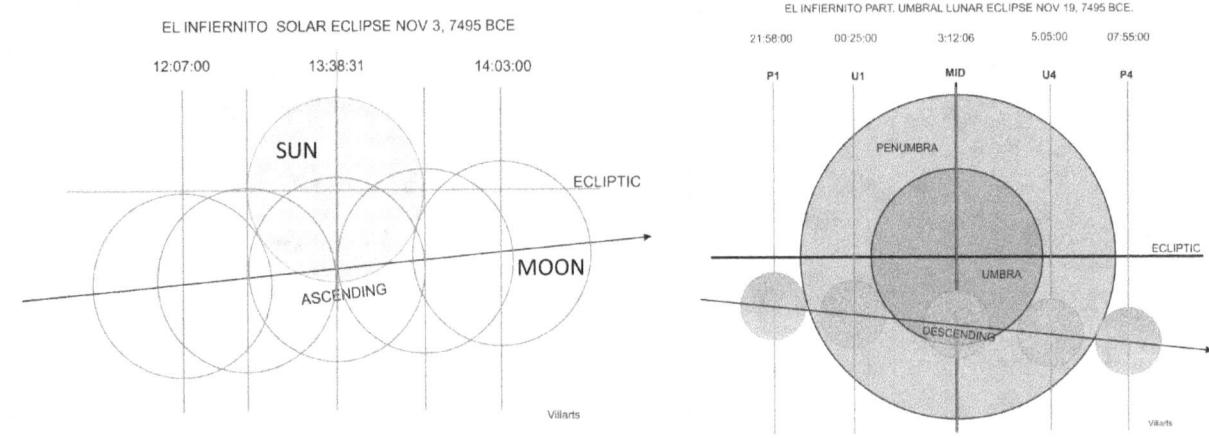

Figura 24. Eclipse solar Parcial

Los puntos nodales en la órbita donde el cruce tiene lugar están determinados por la intersección del plano ecuatorial con la órbita de la tierra; la eclíptica. Los puntos nodales cuando se conectan con una línea imaginaria, esta señala la esfera celestial. En el año 1AD la línea pasando por el nodo ascendiente apuntaba hacia la constelación Aries, así fue definido como el *Punto Aries*. El punto cruce se mueve en retrogrado al oeste aproximadamente un grado cada 72 años. El retroceso del equinoccio del Punto Aries (ahora apunta a Picis) se debe a la precesión del eje de la tierra con respecto a la esfera celestial. Debido a la creación de calendarios que corrigen el desempalme del equinoccio con la esfera celestial, este ocurre en el mismo mes año tras año con un día de diferencia. A través del tiempo el cruce ocurre a horas diferente dependiendo de la localidad de referencia, año tras año. La Tabla 8 muestra la *longitud ecuatorial* del equinoccio, en esta era y hace nueve mil años en 7207AEC. La tabla muestra la longitud de amos equinoccios cada año, su azimut con respecto al menhir central y la hora de su cruce con respecto a El Infiernito. El alineamiento del sol con un monumento o menhires ha cambiado a través de los siglos, pero cuando estos alineamientos se evalúan *hoy*, dentro de pocas centurias, el mes y el día en que el alineamiento con el equinoccio ocurre parece invariable, como se ve en la tabla. La fecha se hizo estática por convención.

La Tabla 8 muestra el momento preciso cuando el equinoccio de verano tenía una declinación de 0.004º y 0.038º de elevación, lo cual causo que el sol alineara perfectamente con las filas de menhires a 90.0001º. Esto ocurrió en el año 7496AEC, el año anterior que el método indicó este alineamiento fue diseñado; el año 7495AEC. La Tabla 9 también muestra datos similares en los años del estudio: 8460, 8082 y 7495AEC. El año 7496AEC se muestra enmarcado en la tabla. Información para los años 7493 hasta 7480BCE se incluye para recalcar la información alrededor del año 7487AEC, cuando el cruce del equinoccio ocurrió a la latitud 15.385ºE, declinación -0.066º, *elevación 1.045º*. A esta elevación el sol pudo atisbar sobre la montaña de 3,800mt. de altura y alinear con la fila de menhires con un azimut de of 90.17º; el alineamiento fue visual. Los datos presentados con respecto a al grupo arqueológico de los menhires en línea, demuestra que estos fueron diseñados específicamente para que alinearan con el equinoccio geométricamente.

Desde el año en que Alexander Humboldt reconoció que las filas de menhires fueron diseñadas para que alineasen con el sol durante el equinoccio, observaciones visuales empíricas confirmaron este fenómeno año tras año. Pero los resultados matemáticos presentados en este análisis demuestran que las observaciones son apenas aproximaciones casuales. El cruce del ecuador por el sol en el equinoccio a 0º, rara vez ocurre a una longitud tal que su azimut coincide con su alineamiento a 90º con las filas de menhires a la hora y altitud precisas requeridas para que el sol se viese alinear al levantar el sol, como sucedió en el año 7487AEC. El sol no es visible en El Infiernito sino hasta que su altitud es suficiente para que los rayos directos del sol puedan sobrepasar los 3,800mts de altura de las montañas. Debido a esto, los cálculos que se presentan muestran que los diseñadores del monumento alinearon los menhires matemáticamente, no visualmente en el año 7496AEC.

Presentamos datos asociados con la edad de El Infiernito, comenzando en el año 8460BCE, el año 8082BCE veinte ciclos saros más tarde y el ano 7495BCE, anos en que un buen numero de fenómenos astronómicos de varios tipos tales como eclipses, solsticios, lunastícios mayores y menores, se encontraron haciendo alineamientos perfectos con los menhires fálicos tanto como los otros. Los datos presentados en la Tabla 9 indican que en ninguno de los años nombrados, en este sitio, el sol en su declinación actual de 0.0º durante el equinoccio, coincide en alineamiento a 90º con la fila de menhires a la longitud/hora y elevación geométrica de 0.0º.

Los datos que aparecen en el primer renglón dan un punto de referencia con el equinoccio de verano del año 2017. Ese año el sol cruzó el ecuador el día Marzo 20 a las 5:17:26hrs. con el sol localizado a longitud at 28.941ºE y con un azimut con respecto al menhir fálico central M-24 de 88.7503º. Bajo estas circunstancias el sol estaba a -12.438º bajo el horizonte, de tal manera no se pudo ver desde este sitio. Menos de una hora más tarde a las 6:10:00hrs. el sol se había movido más cerca de El Infiernito y su declinación había aumentado de 0º a 0.014º. Desde esta posición el sol se había levantado hasta 0.643º sobre el horizonte y casi podía verse sobre la montaña desde el valle donde está El Infiernito y alineo con la fila de pilares a 90.05º. La tierra había rotado 13º, casi una hora después del equinoccio para así alinear con los pilares.

Los 0:42:32 minutos que transcurrieron antes de que el sol alinease, podrían parecer triviales, pero esta información nos sirvió para deducir que sería posible el encontrar el año, el día la hora, los minutos y segundos cuando el sol al cruzar el ecuador a 0.0º, este alinearía con los pilares en El Infiernito al momento del amanecer geométrico. Esa sería la fecha exacta en que el alineamiento de los pilares fue diseñado: la edad del monumento, o por lo menos la del alineamiento de los pilares. La Tabla 8 también muestra los varios años en que se colectó información sobre la posición del equinoccio, para encontrar el día del alineamiento perfecto.

La geometría del alineamiento perfecto ya fue discutida. La fecha, hora, longitud, y elevación con que el sol amaneció, fue el 7 de Junio a las 5:51:50, 7496 AEC. En este día el sol alineo perfectamente con la fila de menhires a 90°con cuatro decimales de precisión, doce minutos y cincuenta y seis segundos pasado el equinoccio y con una declinación de 0.004°N. A ese momento el sol tenía una elevación geométrica de 0.038° sobre el horizonte en El Infiernito. A esta elevación el sol no se puede ver directamente sobre la barrera que imponen las montanas de (12.500 pies) 3,800 mts, aún con la ayuda de la difracción atmosférica.

Este análisis y los datos presentados dan credibilidad a nuestra hipótesis; los diseñadores del monumento alinearon los menhires matemáticamente no visualmente.

YEAR	SUN DATA					
	DATE	HOUR		AZIMUTH	DECLINATIO	longitude
	5-Jun	7:00:00		103.3662	-0.006	71.218
-7207	30-Nov	17:15:00		265.4894	0.000039	-175.667
1800	21-Mar	20:00:00		292.5935	0.002	119.931
	24-Sep	7:00		103.3155	0.003	71.274
1850	21-Mar	23:00		338.714	0.005	164.94
	24-Sep	10:00		145.5724	-0.006	26.279
1900	21-Mar	2:00		34.4456	0.008	150.052
	24-Sep	12:00		182.42	0.002	-3.712
1950	21-Mar	4:00		64.1567	-0.006	120.046
	23-Sep	14:00		218.6004	0.009	-33.703
1960	21-Mar	15:00		230.2565	0.008	-44.959
	23-Sep	1:00		21.27905	-0.006	161.296
2000	21-Mar	7:00		100.3079	-0.003	75.036
	23-Sep	17:00		259.6996	-0.001	-78.696

Tabla 8. Longitud del Equinoccio.

YEAR			DATE	HOUR	AZIMUTH	ELEVATION	DECLINATION	longitude
					SUN DATA			
2017	VERNAL EQUINOX		20-Mar	5:17:26	88.7503	-12.438	-0.000001	28.941
	SUNRISE			6:04::00	89.9031	-0.85	0.013	17.297
	AUTUMNAL EQUINOX		22-Sep	15:15:56	264.543	43.879	-0.000122	119.41
	SUNRISE			5:49:34	89.7675	-0.851	0.148	17.311
-8460	VERNAL EQUINOX		15-Jun	1:15:26	75.7806	-67.694	0.000003	-85.218
	SUNRISE			5:46:51	89.8382	-0.851	0.077	17.304
	AUTUMNAL EQUINOX		9-Dec	21:24:36	276.414	-48.485	0.000001	147.64
	SUNRISE			6:04:04	89.6478	-0.853	0.266	17.325
-8082	VERNAL EQUINOX		12-Jun	12:13:20	224.9400	82.0480	-0.00001	-79.1660
	SUNRISE			5:45:38	90.0254	-0.8520	-0.10900	17.2870
	AUTUM EQUINOX		7-Dec	12:58:00	245.6174	76.5290	-0.0002	85.6540
	SUNRISE			6:03:10	89.7953	-0.8530	0.1200	17.3100
-7497	VERNAL EQUINOX		6-Jun	23:50:00	357.834	-84.349	0.00003	106.655
-7496	VERNAL EQUINOX		7-Jun	5:38:54	89.6851	-3.181	0.000001	19.638
-7496	VERNAL EQUINOX		7-Jun	5:51:50	90.0001	0.038	0.004	16.404
-7495	VERNAL EQUINOX		7-Jun	11:26:46	132.416	81.66	0.000004	-67.411
	SUNRISE			5:48:24	90.011	-0.853	-0.095	17.289
	AUTUM EQUINOX		2-Dec	21:56:28	278.639	-56.643	9.5E-06	139.371
	SUNRISE			6:04:43	90.0588	-0.853	-0.142	17.284
-7493	VERNAL EQUINOX		6-Jun	23:03:27	294.729	-76.7	-0.000003	118.502
-7492	VERNAL EQUINOX		7-Jun	3:51:40	88.4889	-14.932	0.000004	31.448
-7491	VERNAL EQUINOX		7-Jun	10:39:50	106.882	71.196	-0.000001	55.593
-7490	VERNAL EQUINOX		7-Jun		267.845	20.818	-0.000007	-142.634
-7489	VERNAL EQUINOX		6-Jun	22:16:14	282.539	-65.513	0.000004	130.308
-7488	VERNAL EQUINOX		7-Jun	4:04:29	87.1517	-26.68	0.000003	43.262
-7487	VERNAL EQUINOX		7-Jun	5:56	90.17	1.045	-0.066	15.385
-7487	VERNAL EQUINOX		7-Jun	9:54	99.759	59.742	2.5E-06	43.783
-7486	VERNAL EQUINOX		7-Jun	15:40	266.383	32.539	0.000015	-130.841
-7485	VERNAL EQUINOX		6-Jun	21:29:00	277.805	-53.938	0.000009	142.118°
-7484	VERNAL EQUINOX			2:30:00	83.209	-50.09	0.00002	66.87
7482	VERNAL EQUINOX		7-Jun	14:53:32	264.468	44.271	0.000002	119.015
-7481	VERNAL EQUINOX		6-Jun	20:49:44	275.154	-42.251	0.000006	153.936
-7480	VERNAL EQUINOX		7-Jun	2:29:54	83.2038	-50.118	0.000001	66.895
-7480	VERNAL EQUINOX		7-Jun	5:52:00	89.9522	0.092	0.057	16.354

EQUINOX ALIGNMENTS AT EL INFIERNITO

Tabla 9. Alineamientos del sol durante el equinoccio en El Infiernito

Alineamientos Solares durante el Equinoccio Ayudan a Confirmar el Método

Para corroborar la edad de un sitio arqueológico o para definirla con más precisión de la fecha obtenida con la super analema, encontramos útil comprobar el análisis duplicándolo con alineamientos con el equinoccio, de manera similar a como se hizo en El Infiernito. Probamos esta adición al método buscando la edad de otros anillos megalíticos tal como el de Brodgar en Escocia y en Stonehenge el estudio del cual se presenta en su propio capitulo en la edición completa en ingles. En seguida presentamos resultados, en avance a su publicación, del estudio en Brodgar. Este demuestra que la edad de este anillo, tanto como otros en el Reino Unido puede ser datado 6360AEC. Durante el equinoccio de invierno el sol se alineó con los menhires 2 y 8, utilizando la nomenclatura en la literatura [22], estos dos menhires están comunicados por un sendero. El alineamiento encontrado tiene un error de 05:45 minutos con respecto a la hora en que equinoccio ocurrió; a las 13:17:05hrs. en Noviembre 24, 6360AEC. El alineamiento tiene un azimut de 199.09º el cual es 1.63º antes de equinoccio. Con este mismo azimut el sol también alinea con el anillo lítico de Castleruddery en Wicklow y el camino a este de .25km de largo. Los megalitos de Larneyin y la famosa piedra Lia Fail también están en alineamiento perfecto con el equinoccio de invierno de este año. Estos dos megalitos también son fálicos pero no están tan detallados como los de El Infiernito. La grafica Figura 21 muestra el detalle de esos alineamientos.

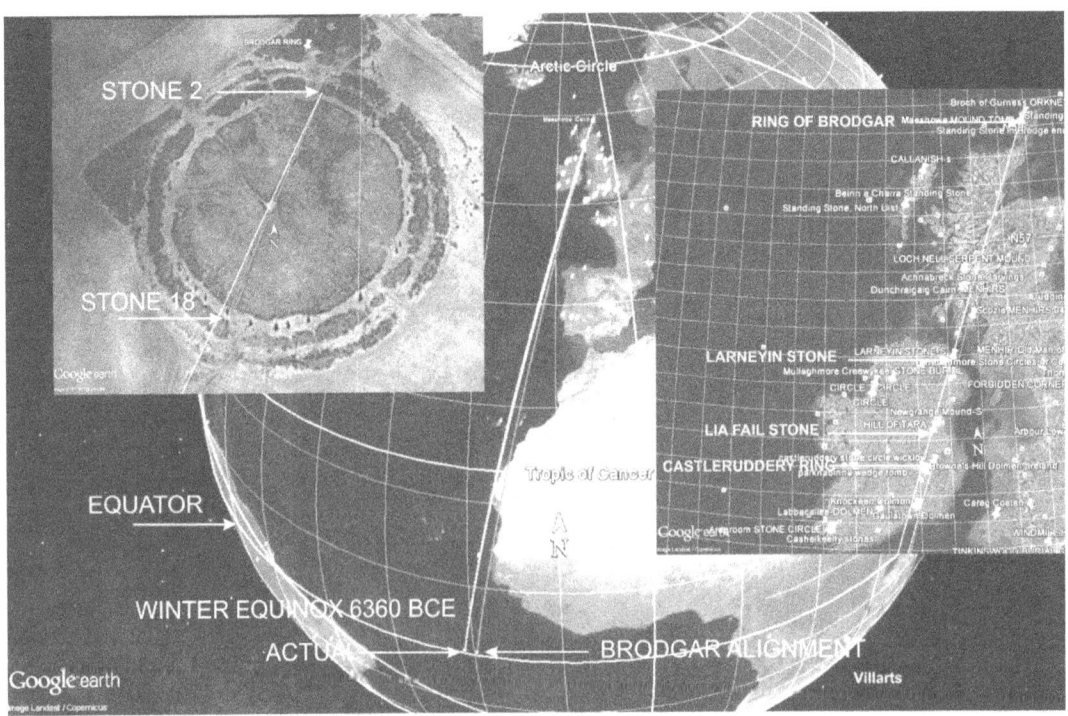

Figura 21. Alineamiento del Anillo Litico de Brodgar, Escocia y otros en el Reino Unido.

RESUMEN

Desde los primeros días al comienzo de los estudios en arqueo astronomía, se sugirió que algunos de los monumentos de la antigüedad tenían como propósito el celebrar algún aspecto de las culturas que florecieron a sus alrededores. No existiendo razones obvias que dieran cuenta de su existencia, las explicaciones etnocéntricas abundan. Esas civilizaciones hubieran podido haber adoptado y asignado funciones a los monumentos a su acomodo. Cualquiera que haya sido el propósito que se les hubiere asignado, estos fueron aceptados casi con devoción ya que así le pudieron dar base a sus tradiciones antiquísimas. Entre todos los propósitos que les hayan asignado y atribuido las culturas locales, los menos mundanos son asociados con la astronomía. De esta manera los diseños de los monumentos se ha encontrado hacen alineamientos con el sol y la luna durante los solsticios, equinoccios y lunastícios; los cuales, a su vez, están relacionados con las estaciones y el clima. De tal manera la conclusión más común a la que han llegado la mayoría de los proponentes de teorías es que estos fueron construidos con propósitos agrícolas; como marcadores del tiempo para las cosechas. Estos argumentos fueron y aun son fáciles de creer ya que los eventos astronómicos fácilmente se pude argüir afectaron y afectan la vida diaria de las sociedades incumbidas; aunque la mayoría de las poblaciones, aun en las condiciones más austeras sobrevivieron sin necesidad de construir monumentos de esta índole. Los arqueo astrónomos desde un principio ayudaron a soportar estos dogmas demostrando algún grado técnico de validez a esos argumentos. En este estudio ofrecimos una razón más universal, más contundente y aun más; es verificable por cualquier individuo con conocimiento mínimo en la materia.

Con la perspectiva que propusimos en el prologo para su evaluación y análisis, el punto de vista del *Águila**, sin asignar una racionalización cultural humana a su existencia, extendimos el concepto de alineamientos del sol o la luna con la geometría de los monumentos e incluimos sus posiciones en la esfera terrestre y sus orientaciones; un análisis geocéntrico completo. Demostramos que los monumentos no solo fueron colocados sobre la tierra en puntos escogidos específicamente pero sus alineamientos también concuerdan con los ángulos del sol y la luna en el pasado en su momento específico. Como consecuencia de esto cada monumento fijó en tiempo la posición exacta en el espacio que cada uno de los tres cuerpos celestes tuvo en el pasado en el momento que el monumento fue diseñado. El derivado de esta lógica es que podemos saber la edad de cada monumento. El método dio resultados muy importantes en el estudio de Teotihuacán y en El Infiernito. También se comprobó la hipótesis básica que el diseño y posicionamiento de los monumentos es global y que este fue ejecutado utilizando el centro de la tierra como punto de referencia; es decir utilizando el sistema de coordenadas Cartesianas (matemáticamente igual a este). Los datos que se presentan corroboran el argumento que los monumentos son vértices astronómicos. En la versión en inglés ofrecemos aun mas soporte a estas conclusiones. En esta incluimos resultados similares que encontramos en los diseños de Mohenjo Daro, Machu Picchu, las pirámides de Giza, el templo de Kalasasaya, Stonehenge y Tifariti.

Conspicuamente ausente en ambas publicaciones es el resultado del estudio en Göbekli Tepe, tal vez el sitio arqueológico más antiguo de la tierra que se conoce. Este está en progreso, sus estructuras contienen megalitos tallados; más de 60 de los cuales solo 59 se han clasificado y aun se cree se encontraran muchos más. Basados en algunos alineamientos podemos anticipar tentativamente que el monumento puede tener entre 37.300 y 13.200 años.

*El nombre del módulo de aterrizaje en la luna.

BIBLIOGRAFIA

1. Michell, John; A little History of Astro-Archaeology. 1977 Thames& Hudson
2. Towers, Sherry; Where on horizon do stars sun moon rise and set
   http://.com/2014/04/13/archeoastronomy-
3. Satre, Jens T.; http://www.satellite-calculations.com/Satellite/suncalc.htm
4. Schlyter Paul; http://www.stjarnhimlen.se/comp/tutorial.html
5. Sir. Watkins, Alfred; Early British Trackways, 1929 Amazon, Kindle
6. Vllamarin, Arturo; Nasca and Easter Island, An Ancient Global Plan Revealed. 2014, Amazon
7. Thom, Alexander, Megalithic Lunar observatories; Clarendon Press, 1971 - Nature - 127 pages
8. Worthey, Guy; http://astro.wsu.edu/worthey/astro/html/class.html
9. Villamarin, Arturo; Timekeepers of Ancient Earth, p.152 - 2015, Amazon
10. https://en.wikipedia.org/wiki/Lunar_standstill
11. Espenak, Fred; NASA Eclipse 4.4 https://eclipse.gsfc.nasa.gov/SEhelp/moonorbit.html and https://eclipse.gsfc.nasa.gov/LEsaros/LEperiodicity.html
12. http://www.skyscript.co.uk/eclipses.html
13. https://en.wikipedia.org/wiki/Solar_eclipse#/media/File:Total_Solar_Eclipse_Paths-_1001-2000.gif
14. Villamarin, Arturo; http://www.earthsunexposure.com/INTIHUATANA.htm

15. Ivan Šprajc; Astronomical Alignments at Teotihuacan Mexico
https://www.cambridge.org/core/journals/latin-american-antiquity/article /
16. http://myweb.tiscali.co.uk/moonkmft/Articles/EquationOfTime.html.
17. Sitchin Zacharia; The Lost Book Of Enki, Inner Traditions Bear And Company, English 336 pages 2nd Revised Edition 9781591430377 August 2004
18. Vsauce video:www.youtube.com/watch?v=IJhgZBn-LHg
19. Gregory L. Possehl (11 November 2002). *The Indus Civilization: A Contemporary Perspective.* Rowman Altamira. p. 80. ISBN 9780759116429.
20. Eliécer Silva Celis; Investigaciones Arqueológicas En Villa De Leyva. Proyecto del parque arqueológico y botánico en villa de Leyva : sitio "El Infiernito" 1979
21. Joseph Frank; Before Atlantis: 20 Million Years of Human and Pre-Human Cultures
22. Martin Doutré, May 14th, 201; http://celticnz.co.nz/Brodgar/Brodgar%204.html
23. Jaime; http://www.aztec-history.com/about-aztec-history.html

www.ingramcontent.com/pod-product-compliance
Lightning Source LLC
Chambersburg PA
CBHW081744220526
45468CB00008B/2234